气象灾害（1）

U0271990

台风袭击宁波

宁波干旱之年

冰雪冷害

进入梅雨季节的宁波

气象灾害（3）

宁波洪涝

龙卷风袭击

宁波遭遇冰雹灾害

上下一条心抗灾防灾

农业气象灾害与蔬菜生产

戚自荣 张庆 主编

NONGYE QIXIANG ZAIHAI

YU SHUCAI SHENGCHAN

中国农业科学技术出版社

图书在版编目（CIP）数据

农业气象灾害与蔬菜生产／戚自荣，张庆主编.—北京：中国
农业科学技术出版社，2018.3

ISBN 978-7-5116-3503-7

Ⅰ.①农… Ⅱ.①戚…②张… Ⅲ.①农业气象灾害-影响-
蔬菜园艺-研究 Ⅳ.①S42②S63

中国版本图书馆 CIP 数据核字（2018）第 023568 号

责任编辑　崔改泵
责任校对　马广洋

出 版 者　中国农业科学技术出版社
　　　　　北京市中关村南大街 12 号　邮编：100081
电　　话　（010）82109194（编辑室）　（010）82109702（发行部）
　　　　　（010）82109709（读者服务部）
传　　真　（010）82106650
网　　址　http://www.castp.cn
经 销 者　各地新华书店
印 刷 者　北京富泰印刷有限责任公司
开　　本　889 mm×1 194 mm　1/32
印　　张　8.875　彩页　4 面
字　　数　250 千字
版　　次　2018 年 3 月第 1 版　2018 年 3 月第 1 次印刷
定　　价　43.00 元

◀━━ 版权所有·翻印必究 ▶━━

《农业气象灾害与蔬菜生产》
编 委 会

主　编　戚自荣　　张　庆

副主编　吴华新　诸亚铭　蔡娜丹　吴碧波

编　者　（按姓氏笔画排序）

叶培根　　冯洁琼　　朱杰旦　　许林英

吴华新　　吴碧波　　张　庆　　范雪莲

金珠群　　庞欣欣　　高丹娜　　郭焕茹

诸亚铭　　戚自荣　　崔萌萌　　裘建荣

蔡娜丹

前　　言

气象灾害是指因台风(热带风暴、强热带风暴)、暴雨(雪)、雷暴、冰雹、大风、龙卷风、高温、低温、连阴雨、雨雪冰冻、霜冻、寒潮、干旱、热浪、洪涝等因素所造成的灾害。

气象灾害对蔬菜生产影响极大,不仅会在经济上造成巨大损失,同时也会造成灾害区内的人员重大伤亡。加强气象灾害的防御,避免、减轻气象灾害造成的损失,保障人民生命财产安全,是一项有关国计民生的大事。

2010年1月20日,经国务院第98次常务会议通过,颁布了《气象灾害防御条例》(以下简称《条例》)。《条例》不仅在气象灾害的防御规划、预防措施、监测预警与信息发布、应急处置、人工影响天气和雷电灾害防御等方面作了全面细致的规定,还特别就气象灾害联合监测和信息共享、灾害应急、气候可行性论证等提出了更新颖、更精细、更具可操作性的措施。各地贯彻《条例》效益显著,以宁波为例,宁波市也于2010年3月1日正式颁布实施《宁波市气象灾害防御条例》,近年的主要成就如下。

(1)气象监测、预警设施已逐步完善,初步建成了由新一代天气雷达、156个地面气象自动站、4个闪电定位仪、10套大气电场仪、16套能见度仪、10套负氧离子仪、3个CO_2仪、4个太阳辐射仪、8个CPS/MET水汽仪、2个土壤墒情仪、15个实况天气监视仪、2套海洋船舶自动气象观测站和卫星地面接收系统组成的区域中尺度天气立体监测网,气象灾害监测能力明显提高,基本实现了对全市重大气象灾害过程监测不漏网;同时还建成了1.23T峰值运算能力的高性能计算机和85T海量存储系统组成的区域数值预报模式系统,由卫星通信、移动通信和地面宽带通信组成的气象信息网络;由气象电视、气象声讯电话、气象短信服务、气象电子显示屏、因特网站等组成的气象信息发布网络。

(2)健全了灾害性天气预报业务与服务,全市建成0~2小时临近预警系统、2~12小时短时预报模式和12~120小时短期预报模式。宁波市气象部门已开播13套电视气象节目,建成了7个专业气象网站、400多块气象信息电子显示屏;市民可以通过电视、广播、"96121"气象自动答询电话获取气象信息。

(3)建立了"政府主导、部门联动、村会参与"的基层气象灾害防御体系,并将基层气象灾害防御体系纳入基层防汛体系建设。宁波市已完成8个气象灾害防御示范乡镇建设,有气象协理员(信息员)1.5万人。此外,宁波市还建成台风登陆地点标志工程4个,共展出气象科普展板2 100多块、发放各类科普资料25万多份。每年向气象协理员(信息员)赠送《气象知识》杂志近500份。

防御气象灾害涉及千家万户,不仅需要在各级政府直接领导和有关业务部门指导下建立完善的保障体系,有法律保障、组织保障、制度保障、技术保障,更需要广大人民群众的积极参与。

本书主编戚自荣、张庆长期在农业技术推广部门工作,全面负责所在区域蔬菜生产技术指导,对气象灾害与蔬菜生产的关系及影响有较深刻而全面的了解,为减轻灾害性天气对蔬菜生产的影响做出了一定贡献。出于工作需要,为增强蔬菜生产防控气象灾害的能力,在积累本人实践经验、深入调研的基础上,与相关人员协同编写了本书,并交由中国农业科学技术出版社出版发行,以期对防御、减轻气象灾害对蔬菜生产的危害能起到抛砖引玉的作用。

全书共分 12 章。以宁波一带为主要案例,概述了我国东南沿海区域,特别是宁波、慈溪一带的地理气候环境、农业气象灾害类型及其危害;分章详述了各种气象灾害对蔬菜生产的影响及防范措施。

本书编写过程中得到了省市诸多相关部门的帮助,并参阅了相关的图书文献资料,在此谨向提供帮助的同志和被参阅文献的作者表示衷心的感谢。

限于水平与编写时间局促,本书难免存在不当之处,敬请同行与广大读者批评指正。

编　者

2017 年 10 月

目　　录

第一章 概 述

　　环境与发展是当今社会普遍关注的重大问题。1992年6月在巴西里约热内卢召开了联合国环境与发展大会,会上通过的《21世纪议程》称21世纪是人口、经济、环境与资源的矛盾更加尖锐的时代。因此,建立人与自然的协调关系是21世纪经济和社会可持续发展战略的一个重要课题。地球大气及其变化是人类生存和社会、经济发展的重要环境,发生在大气中的天气、气候变化,特别是各种农业灾害性天气往往直接影响和制约着人类的生存和社会、经济的发展。

　　我国幅员辽阔,地形复杂,受季风气候影响,天气、气候复杂多变,农业气象灾害频繁,是世界上农业气象灾害较为严重的国家之一(图1-1)。据统计,我国每年因各种农业气象灾害使农田受灾面积达5亿多亩,受干旱、暴雨、洪涝和台风等重大灾害影响的人口约达6亿人次,平均每年因受农业气象灾害造成的经济损失占国民经济总产值的3%~5%。随着经济的发展和人口的增长,社会对农业气象灾害将会变得更加敏感,农业气象灾害所造成的损失也呈增大的趋势。

　　农业气象灾害影响的范围甚广,涉及工业、农业、交通等各个方面;而且农业气象灾害又因地区、地理环境、发生时期、受灾体的不同等诸多因素的差异,在具体表现形式和危害程度上,存在很大的区别。本书以浙东沿海为主要案例。

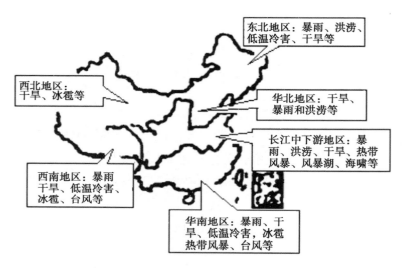

图 1-1 我国不同区域农业气象灾害分布示意图

第一节 浙东沿海的地理气候状况

一、地理状况

我国位于亚洲东部,太平洋西岸,疆域南起曾母暗沙,北至漠河附近的黑龙江;西起帕米尔高原,东到黑龙江和乌苏里江汇流处。陆地面积约 960 万平方千米,东部和南部大陆海岸线 1.8 万多千米,内海和边海的水域面积 470 多万平方千米。我国同 14 个国家接壤,与 8 个国家海上相邻。在地形上,地势西高东低。各类地形占全国陆地总面积比例为山地约 33%、高原约 26%、盆地约19%、平原约 12%、丘陵约 10%。习惯上所说的山区,包括山地、丘陵和比较崎岖的高原,约占全国面积的 2/3。山脉走向以纬向(东西)和新华夏向(东北—西南)两种方向最为普遍。

浙江地处我国东南沿海。所谓东南沿海,从广义上说包括了从山东半岛以南到广西壮族自治区（以下简称广西）一线的沿海地区，其中包括了山东、江苏、上海、浙江、福建、广东、广西、海南、香港、澳门、台湾等省区市；狭义上则多指浙江、福建、台湾3省。

东南沿海区域地理环境的共性特点是倚山面海，有包括低山在内的大片东南丘陵。东南丘陵的分布北至长江，南至两广，东至大海，西至云贵高原。它包括安徽、江苏、江西、浙江、湖南、福建、广东、广西等省区的全部或部分。海拔多在200～600米。丘陵一般多呈东北—西南走向，丘陵与低山之间多数有河谷盆地，适宜发展农业。除山地丘陵外，东南沿海区域还有平坦的滨海平原。

浙江全省面积10.2万平方千米，是我国陆域面积最小省份之一，"七山一水二分田"是对浙江陆地地貌结构特征的通俗概括。海岸曲折，港湾众多，岛屿有3 000余个，是中国岛屿最多的省份。省境地势西南高、东北低，山脉多西南—东北走向，大致分为相互平行的3个组列。其中，西北组列由白际山、天目山、龙门山等组成，主要分布在钱塘江以西地区；中部组列由仙霞岭、大盘山、天台山、会稽山等组成，舟山群岛是其下伏入海部分；东南组列由括苍山、雁荡山等组成。浙江属亚热带季风气候，雨量充沛，受台风影响大。受地形影响，降水量从西南向东北逐渐减少。浙江全省有钱塘江、曹娥江、甬江等八大水系，大多独流入海。浙江省地形有3个基本特征。

（1）西南高，东北低。西南山地主要山峰海拔都在1 500米以上，中部丘陵、盆地错落，海拔多在100～500米。东北部为沿海堆积平原，海拔都在10米以下，主要是杭嘉湖平原和宁绍平原。

（2）山地多，平原少。山地丘陵超过全省总面积70%，杭嘉湖平原和宁绍平原为省内最大的两个平原，河湖相连，水网密布，素有"水乡泽国"之称。

（3）海岸曲折，岛屿众多。海岸线长达2 200千米，岛屿数量占全国总数的1/3，这为航海、渔业、近海养殖提供了优越的场所。

宁波市地处浙江省东北部的东海之滨（图1-2），我国海岸线

图1-2 浙江省区划与行政区划示意图

中段,长江三角洲南翼,即东经120°55′~122°16′,北纬28°51′~30°33′。东有舟山群岛为天然屏障,北濒杭州湾,西接绍兴,南连三门湾与台州相连,属亚热带季风气候,光热水资源丰富,有利于各种农作物生长和沿海养殖。但全市地形复杂、依山傍海,地势西南高、东北低。市区海拔4~5.8米,郊区海拔3.6~4米。地貌分为山脉、丘陵、盆地和平原,全市陆域总面积9 817平方千米,山地和丘陵占陆域面积的51.6%,平原和谷(盆)地占陆域面积的48.4%,境内水系密布,加上地处西风带天气系统和副热带系统交汇地区。气候多变,灾害性天气频发,农业气象灾害具有种类多、频率高、强度大、灾情重等特点,主要灾种有台风、洪涝、高温、干旱、寒潮、雨雪、冰冻等。严重影响农业生产和国民经济建设以及人民生命财产安全,属多灾重灾地区。宁波市的地理位置、地形状况见图1-3。

图1-3　宁波市地理位置示意图

慈溪是宁波市下辖的一个县级市,也是宁波市最为典型的滨海城市,慈溪市地势南高北低,呈丘陵、平原、滩涂三级台阶状朝杭州湾展开。南部丘陵属翠屏山丘陵区,系四明山余脉,东西走向,绵延40余千米,约占全境面积的1/5。东端低丘,海拔100米左右;中部300~400米;至石堰地层下陷为东横河;逾河西端,高100~200米。主要山峰有达蓬山、五磊山、大霖山、老鸦山、东栲栳山,最高峰老鸦山塌脑岗海拔446米。地层成因单一,属侵蚀剥蚀地貌。为宁绍平原之北部,东西长55千米,面积约占总面积的7/10。地势自西向东缓缓倾斜,西部地区北高南低,东部地区南高北低,以大古塘河为界分南北两部分,两者面积之比为1∶4(图1-4)。南部近山平原成陆于900~2500年前,由全新世晚期湖海相沉积物淤积而成,组成物质多为黏土及亚黏土,局部夹有泥炭。北部滨海平原,系900年以来新成陆土地,组成物质为亚黏土、亚沙土和粉砂。平原以北为凸入杭州湾的扇形三北浅滩,1986年图版量标以理论基准面零米线计算,达433.5平方千米,滩涂沉积物以粉细砂和沙质泥等细颗粒物质为主,东部地区颗粒较粗。海岸带升降有明显的周期性,全岸线正继续朝北推移,土地资源在不断增加中。

慈溪土壤为典型的组合型平原土壤,类型单一,成土年代晚,分布规则,土层深厚,肥力稳长,生产利用率较高。近山平原母质复杂,多属水稻土,结构层次分明,棱柱状结构发育,潜育性现象普遍,土层深厚、土质均细、黏粒含量高、蓄水量足,质地以重壤为主,丘陵区多为自然土壤,正逐步红壤化中,有红壤、潮土、水稻土3个土类,多石砾,黏粒含量高,质地为中壤至轻黏,酸性重,养分贫乏,保肥保水性能差。滨海平原地区,母质均为海积物,自海边向内依次有盐土、潮土、水稻土3个土类,颗粒匀细,质地均一,粉砂含量高,含可溶性盐类,呈中性至微碱性。七塘以南,多为中壤,耕层结构良好,蓄水保肥能力和耕性均好,七塘以北为新垦土地,成土历史短,富含石灰质,土质中壤至轻壤,团粒结构发育差,保肥保水能

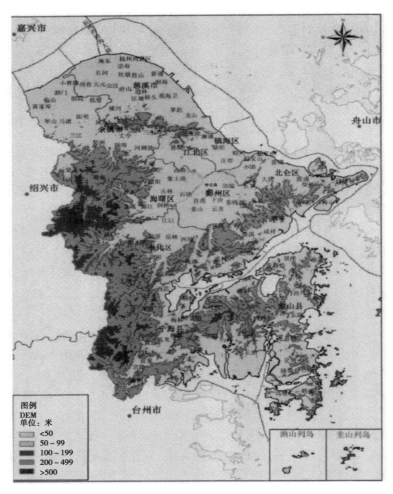

图1-4　宁波市地形示意图

力弱。

二、气候状况

我国全境气候状况复杂多变。东南沿海以亚热带季风气候为主,夏季高温多雨,冬季温和少雨。西部地区降水随深入内陆距离而减少,气候为温带大陆性气候,夏季炎热少雨,冬季寒冷干燥。北部沿海以温带季风气候为主,夏季温和多雨,冬季寒冷干燥。青藏高原以高原山地气候为主,终年寒冷少雨。

浙江地处东南沿海,由于其地理环境的特异性,浙江的气候具有以下特点。

1. 春季

东亚季风处于冬季风向夏季风转换的交替季节,南北气流交会频繁,低气压和锋面活动加剧。浙江春季气候特点为阴冷多雨,沿海和近海时常出现大风,全省雨水增多,天气晴雨不定,正所谓"春天孩儿脸,一日变三遍"。浙江春季平均气温 13～18℃,气温分布特点为由内陆地区向沿海及海岛地区递减;全省降水量 320～700 毫米,降水量分布为由西南地区向东北沿海地区逐步递减;全省雨日 41～62 天。春季农业气象灾害主要有暴雨、冰雹、大风、倒春寒等。

2. 夏季

随着夏季风环流系统建立,浙江境内盛行东南风,西北太平洋上的副热带高压活动对浙江天气有重要影响,而北方南下冷空气对浙江天气仍有一定影响。初夏,浙江各地逐步进入汛期,俗称"梅雨"季节,暴雨、大暴雨出现概率增加,易造成洪涝灾害;盛夏,受副热带高压影响,浙江易出现晴热干燥天气,造成高温干旱现象;夏季是热带风暴影响浙江概率最大的时期。浙江夏季气候特点为气温高、降水多、光照强、空气湿润,农业气象灾害频繁。全省夏季平均气温 24～28℃,气温分布特点为中部地区向周边地区递减;各地降水量 290～750 毫米,东部山区降水量较多,如括苍山、雁荡山、四明山等,海岛和中部地区降水相对较少;全省各地雨日 32～55 天。夏季农业气象灾害主要有台风、暴雨、高温、干旱、雷暴、大风、龙卷风等。

3. 秋季

夏季风逐步减弱,并向冬季风的过渡,气旋活动频繁,锋面降水较多,气温冷暖变化较大。浙江秋季气候特点:初秋,易出现淅淅沥沥的阴雨天气,俗称"秋拉撒";仲秋,受高压天气系统控制,浙江易出现天高云淡、风和日丽的秋高气爽天气,即所谓"十月小阳春"天气;深秋,北方冷空气影响开始增多,冷与暖、晴与雨的天气转换过程频繁,气温起伏较大。全省秋季平均气温 16~21℃,东南沿海和中部地区气温偏高,西北山区气温偏低;降水量 210~430毫米,中部和南部的沿海山区降水量较多,东北部地区虽降水量略偏少,但其年际变化较大;全省各地雨日 28~42 天。秋季农业气象灾害主要有台风、暴雨、低温、阴雨寡照、大雾等。

4. 冬季

东亚冬季风的强弱主要取决于蒙古冷高压的活动情况,浙江天气受制于北方冷气团(即冬季风)的影响,天气过程种类相对较少。浙江冬季气候特点是晴冷少雨、空气干燥。全省冬季平均气温 3~9℃,气温分布特点为由南向北递减,由东向西递减;各地降水量 140~250 毫米,除东北部海岛偏少明显外,其余各地差异不大;全省各地雨日 28~41 天。冬季农业气象灾害主要有寒潮、冻害、大风、大雪等。

宁波属北亚热带湿润季风气候,气候温和湿润,四季分明,雨量充沛,冬夏季风交替明显。

宁波的四季是冬夏长(各约 4 个月)、春秋短(各 2 个月左右)。若以候平均气温 10~22℃ 为春、秋两季,>22℃ 为夏季,<10℃ 为冬季这一标准划分,一般是 3 月第六候入春,6 月第一候入夏,9 月第六候入秋,11 月第六候入冬。但在西部山区冬季比平原要长 1 个月,而夏季要短近半个月;春、秋季比平原略长 1 旬,是春来迟则秋去早。冬季,由于受蒙古高压控制,在西伯利亚冷空气的不断补充南下,天气干燥寒冷。此时盛行偏北风。夏季,受太平洋副热带高压控制,盛行东南风,多连续晴热天气,除局部雷阵雨

外,还会受到台风或东风波等热带天气系统影响出现大的降水过程。春季,是冬季风转换为夏季风的过渡性季节,由于冷暖空气在长江中下游交汇频繁,天气变化无常,时冷时热,阴雨常现,雷雨大风、沿海大风经常出现。秋季是夏季风向冬季风转换的过渡季节,气候相对凉爽,但有时也会出现"秋老虎"。秋季由于常有小股冷空气南下,锋面活动开始增多,常会出现阴雨天气。由于宁波倚山靠海,特定的地理位置和自然环境使各地气候差异明显、天气复杂,但同时也形成了多样的气候类型。如各海岛具有气温年较差小、冬暖夏凉的海洋性气候特色、气候湿润、光照条件较好、风力资源丰富等,但易受台风影响;西部山区则立体气候特征明显,光照、气温、降水随高度变化显著,水资源相对丰富,但也极易产生洪涝或干旱;而广大平原地区受季风影响明显。

　　宁波市如此丰富多样的气候资源,给发展农业生产提供了极为有利的自然条件。全市多年平均气温16.3℃,7月最热,1月最冷,极端最高气温39℃,高温天气是北部多南部少、内陆多沿海少;极端最低气温−11.1℃,低温天数不多,稳定通过10℃的初日是3月底,终日为11月下旬末,持续天数约有237天,平均积温5 100℃左右。山区与平原相比积温少1 000℃左右。多年平均降水量1 400毫米,山地丘陵一般比平原多三成左右;主要雨季出现在3—6月(即春雨连梅雨,月雨日普遍超过半个月)和8—9月(即台风雨和秋雨,月雨日也近半月)。宁波市一般是6月中入梅,历史最早在5月中旬后期,最迟在6月底;出梅大致在7月上旬末,最早6月中,最迟8月初。宁波属湿润、半湿润区,即收支(降水与蒸发)基本平衡;在区域分布上北部比南部相对干燥。年平均日照1 900多小时,由于地域跨度有近1.5个纬度,所以在区域分布上是北多南少;而西部山区由于云雾较多,平均要比平原少一成。一年中,由于季风交替显著,常有春、秋季的低温阴雨;汛期的暴雨和洪涝;夏、秋季的干旱、台风、冰雹、大风;冬季的霜冻、寒潮等农业气象灾害出现,直接影响农业生产。

影响宁波的台风主要集中在 7—9 月（过程雨量≥50 毫米或风速≥17 米/秒），平均每年 2.8 个。可造成严重影响的台风（过程雨量≥200 毫米）差不多每隔几年就有 1 个（图 1-5）。1953 年

图 1-5 受台风影响，内涝严重

以来，在宁波市登陆的台风有共 4 个。台风带来的风暴潮危害极大，如 5612 号强台风（又称"8·1 大台风"）象山损失惨重。2012 年 8 月 8 日"海葵"造成浙江全省 9 个市 54 个县 403.2 万人受灾，倒塌房屋 4 452 间；277.2 万亩农作物受灾，38.72 万亩绝收，粮食减产 15.65 万吨，水产养殖损失 31.84 万吨，死亡大牲畜 1.1 万头；3.8 万家企业停产，526 条公路、1 067 条次供电线路、283 条次通信线路中断；1 581 处堤防和 178 处水闸受损，直接经济损失达 100.25 亿元，其中农林牧渔业 54.16 亿元、工业交通运输业 23.32 亿元、水利工程 8.77 亿元。其中宁波全市直接经济损失 101.9 亿元，其中农林牧渔业损失 60.68 亿元。2013 年"菲特"台

风造成宁波市 11 个县(市、区)148 乡镇受灾,受灾人口 248.3 万人,倒塌房屋 27 480间,转移人口 45.2 万人。据初步统计,共造成全市直接经济损失 333.62 亿元。余姚、奉化两个县级城市以及宁波市区受淹严重。

宁波市暴雨(日雨量≥50 毫米)年均发生 2~5 次,主要出现在 6—7 月上旬的梅雨和 8—9 月的台风暴雨,以 9 月居多;地域分布上宁海最多。暴雨常引成洪涝,如 1988 年宁海的 7.30 暴雨造成的洪涝灾害就是一例。干旱多发生在出梅后的 7~9 月,以宁海、象山的丘陵山地和降水利用率不高的慈溪为多,一般 2~3 年发生一次,其他地区 4~5 年一次;但旱情有时一年四季均可出现,有些年份是夏旱连秋旱,有的年份则是秋旱连冬旱。冰雹和龙卷风在宁波市出现的概率较低。冰雹一般出现在 3—9 月的春夏秋季,多数发生在中午至傍晚。宁波市冰雹主要分布在北部地区的余姚、慈溪、鄞州、镇海等地,其次是奉化。龙卷风主要出现在 6—9 月,以 7 月为最多,多数发生在余姚和慈溪。1983 年 9 月 16 日下午 15 时 42 分,发生在余姚泗门、慈溪周巷一带的龙卷风造成近 2 000间房屋倒塌,21 人死亡。低温阴雨一般指春季的倒春寒和春秋季的低温。倒春寒是指清明(4 月 5 日)后,出现日平均气温在≤11℃连续 3 天或以上天气,宁波市一般 2~3 年出现一次,多数出现在 4 月的第二候和第三候。春季连续阴雨是指 3 月下旬至 4 月底连续 4 天或以上(降水≥0.0 毫米,日照时数<2 小时)阴雨过程。平均每年出现 1.1 次;秋季低温是指 9 月中、下旬连续 3 天出现日平均气温≤20℃或 22℃的过程,平均每 4 年一遇,但分布不均,有时会连续出现,有时 8~9 年才遇一次。霜冻分早霜和晚霜,4 月 1 日后日最低气温<4℃晚霜冻,3 年一遇,宁波市出现初霜一般在 11 月中旬,终霜 3 月底 4 月初。降雪一般出现在 11 月下旬至次年 3 月上旬,最多 1~2 个月。平均降雪 6~10 天,平均积雪 2~6 天。雷暴一般出现在 3—10 月间,年平均 30~47 天,初雷一般在 3 月初,最早出现在 2 月下旬;终雷一般在 10 月中旬,最迟

可出现在 12 月初。

第二节 农业气象灾害类型及其危害

气象灾害,是指对人民生命财产有严重威胁,对工农业、交通运输业等多个行业会造成重大损失的天气现象。农业气象灾害,是指对农业生产造成灾害损失的天气现象,如台风、暴雨、高温、干旱、冰雹、龙卷风、寒潮、霜冻等。农业气象灾害可发生在不同季节,大多具有突发性。中国地域辽阔,自然条件复杂,而且属于典型的季风气候区,因此农业气象灾害种类繁多,不同地区又有很大差异。研究农业气象灾害的形成机理和变化规律,监测农业气象灾害形成发展过程,是进行农业灾害预测预报、防灾减灾的基础。

一、农业气象灾害类型

(一)气流异常引起的气象灾害

1. 热带气旋

热带气旋是发生在热带、亚热带地区海面上的气旋性环流,由水蒸气冷却凝结时放出潜热发展而出的暖心结构。

习惯上,不同的地区对热带气旋有不同的称呼。人们习惯上多将西北太平洋及其沿岸地区(例如我国大陆东南沿岸和我国台湾等地、韩国、日本、越南、菲律宾等国家与地区)的热带气旋称为"台风",而将大西洋和东北太平洋及其沿岸地区的热带气旋则依强度称为热带低气压、热带风暴或飓风。而在气象学上,则只有中心风力达到每小时 118 千米或以上的热带气旋才会被冠以"台风"或"飓风"等名字。

沿用中国国内现行规定,按热带气旋中心附近的最大风力为标准可划分为 6 个等级:

(1)热带低压。中心附近最大风力 6~7 级,风速小于 17.2米/秒。

(2)热带风暴。中心附近最大风力 8~9 级,风速 17.2~24.4

米/秒。

(3)强热带风暴。中心附近最大风力 10~11 级,风速 24.5~32.6 米/秒。

(4)台风。中心附近最大风力 12~13 级,风速 32.7~41.4 米/秒。

(5)强台风。中心附近最大风力 14~15 级,风速 41.5~50.9 米/秒。

(6)超强台风。中心附近最大风力 16 级以上,风速 ≥51.0 米/秒。

台风给所经过的广大地区带来了充足的降水,成为与人类生活和生产关系密切的降雨系统。但是,台风也总是带来各种破坏,它具有突发性强、破坏力大的特点,是世界上最严重的自然灾害之一。

台风的破坏力主要由强风、暴雨和风暴潮 3 个因素引起。①强风:台风是一个巨大的能量库,其风速都在 17 米/秒以上,甚至在 60 米/秒以上。据测,当风力达到 12 级时,垂直于风向平面上每平方米风压可达 230 千克。②暴雨:台风是非常强的降雨系统(图 1-6)。一次台风登陆,降雨中心一天之中可降下 100~300

图1-6 台风灾害,江水没过外滩观景平台

毫米的大暴雨,甚至可高达500~800毫米。台风暴雨造成的洪涝灾害,是最具危险性的灾害。台风暴雨强度大,洪水出现频率高,波及范围广,来势凶猛,破坏性极大。③风暴潮:所谓风暴潮,就是当台风移向陆地时,由于台风的强风和低气压的作用,使海水向海岸方向强力堆积,潮位猛涨,水浪排山倒海般压向海岸。强台风的风暴潮能使沿海水位上升5~6米。风暴潮与天文大潮高潮位相遇,产生高频率的潮位,导致潮水漫溢,海堤溃决,冲毁房屋和各类建筑设施,淹没城镇和农田,造成大量人员伤亡和财产损失。风暴潮还会造成海岸侵蚀,海水倒灌造成土地盐渍化等灾害。

浙江每年都会受到台风的影响,1949年以来平均每年有3.3个台风影响,每2年就有1个台风登陆浙江。根据1949以来的灾情资料统计,热带气旋在浙江引起较明显灾害的有45年超过80例,年均2例,共造成浙江直接经济损失上千亿元,死亡万余人,农田受灾近2亿亩。

台风也是宁波市最主要的农业气象灾害,其影响严重程度居气象灾害之首。5—11月均有台风影响,以7—9月3个月为重。台风影响时,最大风力可达12级以上。其强度及持续时间长短直接决定危害程度的大小,强度越大、时间越长,危害越重。影响台风移动路径大致分为6类:一是在浙江登陆;二是在厦门以北福建沿海登陆;三是在厦门到珠江口之间登陆;四是在浙沪边界以北登陆;五是在东经125°以西、北纬25°以北,紧靠浙江沿海转向;六是在东经125°~128°北上转向。有严重影响的台风除直接登陆浙江外,以在厦门以北福建沿海登陆和在东经125°以西、北纬25°以北,紧靠浙江沿海转向为多,此3类路径约占79.4%。

1956年第12号台风于8月1日半夜在象山县门前涂登陆,这是新中国成立以来登陆我国大陆风力最强、破坏力最大、造成人员伤亡最多的台风。台风所经之处,拔树倒屋,摧毁交通和电讯设施。沿海狂风浪潮破堤,海水倒灌;内陆山洪暴发,江河漫溢,宁波各地遭灾严重,全市死亡3 897人、重伤5 957人。台风登陆的象山县受灾最为惨重,南庄区门前涂海塘全线溃决,南庄平原纵深 10 千米一片汪洋,海水淹没农田 11.66 万亩(15 亩 = 1 公顷,下同),冲毁房屋 77 395 间,死亡 3 402 人,受伤 5 614 人。

1997 年 8 月 18—19 日,第 11 号台风影响宁波,象山境内 12 级大风持续 22 小时,拍浪高度达 10 米以上;暴雨面广量大,特别是西南山区平均降雨量在 200 毫米以上;台风期间又逢农历七月半大潮汛,宁波市三江口潮位达 3.31 米,超过历史最高潮位(2.98 米)和百年一遇潮位(3.22 米)。风、雨、潮三碰头,造成全市受灾人口达 206 万人,损坏房屋 22.49 万间,其中倒塌 2.6 万间;死亡 19 人,牲畜死亡 9.31 万头;农作物受淹 219.65 万亩,其中成灾面积 164 万亩、绝收面积 36.96 万亩;冲毁桥涵 123 座,毁坏公路路基 220.1 千米;损坏堤防 633.2 千米,其中决口 3 379 处、共长 219.71 千米,标准海塘损坏 223 千米,损坏排涝契闸 140 座,直接经济损失达 45.43 亿元。

2. 大风

大风是指非热带气旋侵袭所造成的平均风力达六级(风速 10.8~13.8 米/秒)或以上,瞬时风力达 8 级或以上(风速大于 17.8 米/秒),以及对生活、生产造成严重影响的风。

大风主要破坏房屋、车辆、船舶、树木、农作物以及通信、电力设施等,有时也会造成少量人口伤亡,由此所造成的灾害称为风灾。

大风等级采用蒲福风力等级标准划分,一般可划分为 3 级。

(1)一般大风。相当 6~8 级大风,主要破坏包括蔬菜在内的各种农作物,对工程设施一般不会造成破坏。

(2)较强大风。相当 9~11 级大风,除破坏蔬菜和其他农作物、林木外,对工程设施可造成不同程度的破坏。

(3)特强大风。相当于 12 级和以上大风,除破坏蔬菜和其他农作物、林木外,对工程设施和船舶、车辆等均会造成严重破坏,并严重威胁人员生命安全(图 1-7)。

图 1-7　受大风袭击,树干拦腰折断

3. 雷暴大风(飑线)

雷暴大风(飑线)是一种很窄有强风并伴随着雷暴大雨的对流性天气带,具有巨大破坏力,常出现在强冷锋前,过境风速 20 米/秒以上,生命史 6~9 小时,移速比冷锋快 2~3 倍。

雷暴大风生命史分 3 个阶段。初生阶段 3~5 小时,有 6 级左右大风并伴雷雨。全盛阶段历时 1~2 小时,风向突变,风速骤增,气压剧升,温度剧降,破坏力很大。消散阶段历时 2 小时左右,风速减小,雷雨强度降低,气压渐降,气温渐升,天气转好。雷暴大风移动速度可达 60 千米/小时以上,路程一般 100~250 千米,宽度 0.5~6 千米。我国雷暴大风多发生在长江流域以北。

4. 龙卷风

龙卷风又称龙吸水,是来自积雨云底部下垂的漏斗状云及其所伴随的非常强烈的旋风。它是一种破坏力最强的小尺度天气系统。由于漏斗云内气压很低,具有很强的吮吸作用,当漏斗云伸到陆地表面时,可把大量沙尘等吸到空中,形成尘柱,称陆龙卷;当它伸到海面时,能吸起高大水柱,称海龙卷(或水龙卷)。海龙卷一般较陆龙卷弱,水平范围也比陆龙卷小。龙卷风这种自然现象是云层中雷暴的产物,是雷暴巨大能量中的一小部分在很小的区域内集中释放的一种形式。

龙卷风是大气中最强烈的涡旋的现象,常发生于夏季的雷雨天气时,尤以下午至傍晚最为多见,影响范围虽小,但破坏力极大。龙卷风经过之处,常会发生拔起大树、掀翻车辆、摧毁建筑物等现象,它往往使成片庄稼、成万株果木瞬间被毁,交通中断,房屋倒塌,人畜生命遭受损失。龙卷风的水平范围很小,直径从几米到几百米,平均为 250 米左右,最大为 1 000 米左右。在空中直径可有几千米,最大有 10 千米。最大风速每小时可达 150~450 千米,龙卷风持续时间很短,一般仅几分钟,最长不过几十分钟。

(二)降水异常引起的气象灾害

1. 暴雨

暴雨是指 24 小时内降水总量达到 50 毫米或以上的降水。暴雨的等级按国家规定以雨量多少进行区分,一般分为暴雨(50.0~99.9 毫米)、大暴雨(100.0~249.0 毫米)、特大暴雨(大于或等于250.0 毫米)三级。

暴雨是由较大强度的降雨形成的灾害,不论强降雨时间长短,降雨范围大小都可能形成灾害。山区、丘陵区由于强降雨引发的山洪、泥石流灾害,平原区由于强降雨引发的溃涝灾害,长时间、大范围的强降雨还会导致洪水灾害等均属此种灾害。暴雨灾害的主要成因是自然因素,但人类的不良活动可使灾害损失加重。

宁波市暴雨灾害频繁,几乎每年都会发生。如 2012 年 7 月 16日特大暴雨袭击鄞州西部,八站雨量超过 110 毫米,其中最大是龙观 206 毫米,受灾地区数个村庄进水,部分房屋倒塌,桥梁损坏,公路塌方,河坎损毁 3 000 米, 8 000 多亩农田受灾。

2. 洪涝

洪涝灾害包括洪水灾害和雨涝灾害两类。其中,由于强降雨、冰雪融化、堤坝溃决、风暴潮等引起江河湖泊及沿海水量增加、水位上涨而泛滥以及山洪暴发所造成的灾害称为洪水灾害;因大雨、暴雨或长时间降雨而产生大量的积水和径流,排水不及时,致使农田渍水、受淹而造成的灾害称为雨涝灾害(图1-8)。雨涝主要危害农作物生长,造成农作物减产或绝收;洪涝除危害农作物外,还可能破坏房屋、建筑、水利工程、交通设施等,严重时会造成不同程度的人员伤亡。由于洪水灾害和雨涝灾害往往同时或连续发生在同一地区,进行灾情调查统计和分析研究时,大多难以准确界定,往往统称为洪涝灾害。

图1-8 洪涝灾害,蔬菜基地一片汪洋

洪涝灾害是浙江省较严重的农业气象灾害之一,主要集中在5—7月(出梅前)的梅汛期和出梅后7—9月的台汛期。梅汛期洪涝平均3年一遇,发生时间多在6月下半个月到7月上旬。形成原因主要有3种类型:一是梅期长,长时间连续阴雨,且雨量明显偏多;二是连续几天大雨或暴雨,雨量过于集中;三是前期雨量偏多,水位偏高,进入梅汛期后雨量又明显偏多。台汛期洪涝的发生是台风、东风波等热带天气系统影响所致,平均三年二遇,从地域来说,宁海出现概率最高。

2013 年 10 月 5 日至 9 日,受台风"菲特"影响,宁波全市平均雨量达 403 毫米,过程面雨量最大的是余姚,达 561 毫米,甬江流域面雨量为 1953 年有水文记录以来的最大值。受"菲特"带来的强降水影响,余姚、奉化、鄞州、江北、镇海以及宁波中心城区都出现了严重的内涝,11 个县(市)区、139 个乡镇不同程度受灾,受灾人口 137.5 万人。据初步统计,宁波市直接经济损失 119 亿元,其中余姚灾情最为严重,直接经济损失达 70 亿元。

3. 干旱灾害

干旱灾害是指作物生长期内,由于气温高,久旱不雨或少雨,造成空气干燥,土壤缺水,影响农作物正常生长发育,造成植株凋萎或枯死的现象。干旱没有严格的标准,一般把降水量少于多年平均值的 30% 以上叫干旱。需要指出的是,干旱气候不等于干旱灾害。前者指最大可能蒸发量比降水量大得多的一种气候,我国的干旱气候区集中在西北内陆。干旱灾害则是指某一具体时段降水量比常年平均降水量显著偏少而发生的危害,其发生遍及全国。

根据发生原因不同,干旱可分为大气干旱、土壤干旱和生理干旱 3 种类型。

(1)大气干旱。由于大气的蒸发力很强,使植物蒸腾耗水过多,根系吸收水分不足以补偿蒸腾支出,致使植物体内的水分状况恶化。

(2)土壤干旱。由于土壤含水量减少,土壤颗粒吸水力增大,根系难以吸收到足够水分以补偿蒸腾消耗,使植物体内水分收支失去平衡,从而影响农作物正常的生理活动(图 1-9)。

(3)生理干旱。由于土壤环境条件不良使根系生理活动遇到障碍,导致植物体内水分失去平衡而发生的危害。如土温过高、通气不良、土壤溶液浓度过高等。

图 1-9 旱灾使蔬菜严重减产

上述 3 种类型既有区别又有联系。长时间的大气干旱会导致土壤干旱,土壤干旱也会加剧近地气层的大气干旱。两种干旱同时发生时的危害最大。生理干旱的危害程度也与大气干旱和土壤干旱有关。最值得注意的是土壤干旱。土壤干旱主要在高压长期控制下形成,高温是导致土壤干旱最主要的成因。土壤干旱是中国境内最常见、影响最大的气候灾害,在全国各地均可发生,黄荣辉等将其列为中国气候灾害的首位。土壤干旱往往与高温酷热密切相关,所以统称高温干旱。

干旱是宁波市较为突出的农业气象灾害之一,出梅以后开始的夏秋季高温干旱对农作物危害较重,如梅雨量偏少、短梅或空梅则旱情更加严重。宁波地区干旱按其发生时间可分为 5—7 月的夏旱和 9—10 月的秋旱,以夏秋连旱最为严重。按历年发生干旱的情况可分为 3 种类型:一是当年梅雨量偏少,或出梅早,进入盛夏后气温高、雨量又持续偏少;二是梅雨量不少,但出梅后,出现持续高温天气,降雨量少,蒸发量大;三是 7—10 月台风影响小,持续高温少雨。全市干旱以宁海、象山的丘陵山区和慈溪最为突出。

2013 年 8 月,宁波因高温少雨,出现特大旱情,5 座大中型水库的蓄水量仅占汛期控制蓄水量的 53%,2 994 座小型水库(山塘)干涸,出水机电井也不足 4 123 眼,姚江水位持续偏低,7 月全市平均雨量只有 44 毫米,不足常年三成,为 1956 年以来同期降雨第二少的年份,35 万人发生饮水困难,有近 20 万亩农田受旱,蔬菜生产受到严重影响。全市因干旱造成的经济损失高达 8 亿元,其中林业损失 2.9 亿元,农业损失 2.2 亿元。受灾范围涉及象山、奉化、宁海、余姚、鄞州、镇海共 34 个乡镇 113 个自然村。

4. 连阴雨

连阴雨是指降雨连续时间≥5 天、日降水量≥0.1 毫米、过程总降水量≥30 毫米,且日照时数小于 2 小时的阴雨过程,主要有春季连阴雨和冬季连阴雨。连阴雨天气对农业生产各有利弊,在少雨干旱之后出现的短时阴雨,能缓解旱情;在蔬菜生长发育期间因持续阴雨天气,土壤和空气长期潮湿,日照严重不足,使蔬菜生长发育不良及产量和质量遭受严重影响。其危害程度因发生的季节、持续的时间,气温高低和前期雨水的多少及农作物的种类、生育期等的不同而异,如春季连阴雨,因光照不足,会发生蔬菜播种后种子烂种等;在收获季节出现连阴雨,会造成蔬菜等霉烂变质。另外,由于连阴雨造成湿度过大,还可引发农作物病虫害的发生及蔓延。

宁波市经常出现连阴雨天气,有的年份比较严重,如 2012 年 1 月 13 日至 3 月 8 日,宁波市出现了 5 次连阴雨天气,其中 2 月 21 日至 3 月 8 日,除了以连续 17 天雨日创下历史最高记录外,日照仅为 133 小时,比常年同期偏少了 46%,累计雨量 205.6 毫米,比历史同期高出 163.9 毫米,创历史之最;平均气温 6.9℃接近历史同期 7.2℃,对蔬菜生产造成了极为不利的影响。

5. 异常梅雨

梅雨是初夏季节长江中下游特有的天气现象,它是我国东部地区主要雨带北移过程中在长江流域停滞的结果,梅雨结束,盛夏随之到来。这种季节的转变以及雨带随季节的移动，年年大致如此，已形成一定的气候规律性。但是，每年的梅雨并不完全一致，存在很大的年际变化。

在气象学上，把梅雨开始和结束的时间，分别称为"入梅"和"出梅"。长江中下游地区正常的梅雨一般在6月中旬开始，7月中旬结束，也就是出现在"芒种"和"夏至"两个节气内。梅雨期长20~30天，雨量在200~400毫米。"小暑"前后起，主要降雨带就北移，长江流域由阴雨绵绵、高温高湿的天气开始转为晴朗炎热的盛夏。据统计，这种正常梅雨，大约占总数的一半左右。但有的年份，梅雨的发生会出现不正常的现象，这种异常现象被称之为异常梅雨。异常梅雨包括长梅雨或特长梅雨、早梅雨、迟梅雨、短梅和空梅、倒黄梅等。

（1）长梅雨或特长梅雨。梅雨期超过正常年份时间段的梅雨被称为长梅雨或特长梅雨。典型如1954年，长江中下游地区6月初就"入梅"，整个梅季阴雨连绵，不时有大雨、暴雨出现，维持的时间特别长，直到8月初才"出梅"。梅雨期长达两个月，连同五月份的春雨、入暑后的连阴雨，该年长江中下游地区5—7月雨量高达800~1 000毫米，接近正常年份全年的雨量，部分地区雨量多达1 500~2 000毫米。长梅雨或特长梅雨暴雨频繁，极易造成洪涝灾害。

（2）早梅雨。有的年份梅雨开始很早，在5月底6月初就会突然到来。在气象上，通常把"芒种"以前开始的梅雨，统称为"早梅雨"。农民常把这一时段温度比较低的梅雨称为"冷水黄梅"。早梅雨的出现机会，大致上是十年一遇。这种早梅雨往往呈现两种情形。一种是开始早，结束迟，甚至拖到7月下旬才结束，雨期长达四五十天，个别年份长达两个月；另一种是开始早，结束也早，6月下旬就进入了盛夏，由于早梅雨能使盛夏提前到来，易造成不同程度的伏旱。

（3）迟梅雨。同早梅雨相反，在气象学上通常把6月下旬以后开始的梅雨称为迟梅雨。迟梅雨的出现概率比早梅雨多。由于迟梅雨开始时节气已经比较晚,暖湿空气一旦北上,其势力很强,同时,太阳辐射也比较强,空气受热后,容易出现激烈的对流,因而迟梅雨常常多雷阵雨天气。人们也把这种黄梅雨称为"阵头黄梅"。迟梅雨的持续时间一般不长,平均只有半个月左右。但这种梅雨的降雨量有时却相当集中,易造成洪涝灾害。

(4)短梅和空梅。同长梅雨、特长梅雨完全相反,有些年份梅雨非常不明显,在长江中下游地区雨季短、雨量也不大,这种情况称为"短梅"。更有甚者,有些年份长江流域从初夏开始,一直没有出现连续的阴雨天气,出现了"黄梅时节燥松松"的天气,过后就转入盛夏,这种现象称为空梅。短梅和空梅的出现概率,平均为十年出现 1~2 次。短梅和空梅年份常常有伏旱发生,甚至发生大旱。

(5)倒黄梅。有些年份,梅雨似乎已经过去,天气转晴,温度升高,出现盛夏的特征,但几天以后又重新出现闷热潮湿的雷雨、阵雨天气,并且维持相当一段时期,这种情况类似于梅雨天气倒转回来,所以称为"倒黄梅"。谚语"小暑一声雷,黄梅倒转来",说的就是这种现象。一般来说,"倒黄梅"维持的时间不长,短则一周左右,长则十天半月,但在"倒黄梅"期间,多雷雨、阵雨,雨量往往相当集中,易造成涝灾。

6. 雨雪冰冻

雨雪冰冻是指在冬季或早春受北方强寒冷气流及其他不利条件的共同影响下,出现较大范围的降雨雪,积雪达 10 厘米以上,平均气温在 0℃ 以下,出现雨淞、冰凌或结冰现象,造成农作物重大损失的一种农业气象灾害现象(图 1-10)。宁波市雨雪冰冻灾害一般发生在 12 月到翌年 3 月。

雨雪冰冻灾害根据其危害范围和影响程度,可分为特别重大雨雪冰冻灾害(Ⅰ级)、重大雨雪冰冻灾害(Ⅱ级)、较大雨雪冰冻灾害(Ⅲ级)和一般雨雪冰冻灾害(Ⅳ级)。

图1-10　雨雪冰冻　蔬菜受到严重影响

7. 冰雹

冰雹是指降落到地面的冰球或冰块,冰雹灾害是我国主要的农业气象灾害之一。通常情况下,降雹的范围比较小,一般宽度为几米到几千米,长度20~30千米,所以民间有"雹打一条线"的说法。冰雹的降落常常砸毁农作物和农业设施,是一种严重的自然灾害,通常发生在夏秋季节。宁波每年都有冰雹发生,但发生范围较小,一般出现在3—9月,3月最多,7月次之,且多发生在中午到傍晚。冰雹常伴随着大风,危害程度相当巨大,冰雹灾害发生时间短、预测难度大、影响范围广,对地区性农业生产极具破坏性。

(三)温度异常引起的农业气象灾害

1. 寒潮

寒潮是指来自高纬度地区的寒冷空气,在特定的天气形势下迅速加强并向中低纬度地区侵入,造成沿途地区剧烈降温、大风和雨雪天气的一种天气现象。人们习惯上把寒潮称为寒流。

从秋季开始,冷空气平均每隔几天就南下一次,但并不是每次冷空气南下都叫寒潮。根据气象学规定,凡一次冷空气入侵后,使长江中下游及以北地区在 48 小时内降温超过 12℃,最低气温小于等于 5℃,陆上有大面积 5 级以上大风,在我国近海海面上有 7 级以上大风,才称为寒潮,并发布寒潮警报。若降温在 48 小时内达 14℃以上则为强寒潮。有时北方冷空气的入侵虽达不到这个标准,但降温也很显著,则一般称为强冷空气。寒潮或冷空气发生时常伴有大风和降水(雨、雪)。寒潮是冬半年影响我国的主要灾害性天气之一,宁波市遭寒潮侵袭多发生在 10 月到翌年 4 月。

入侵我国的寒潮主要有 3 条路径。一是西路:从西伯利亚西部进入我国新疆维吾尔自治区(以下简称新疆),经河西走廊向东南推进。二是中路:从西伯利亚中部和蒙古进入我国后,经河套地区和华中南下。三是东路:从西伯利亚东部或蒙古东部进入我国东北地区,经华北地区南下。

寒潮预警信号分四级,分别以蓝色、黄色、橙色、红色表示。

(1)蓝色预警信号。48 小时内最低气温将要下降 8℃以上,最低气温≤4℃,陆地平均风力可达 5 级以上;或者已经下降 8℃以上,最低气温≤4℃,平均风力达 5 级以上,并可能持续。

(2)黄色预警信号。24 小时内最低气温将要下降 10℃以上,最低气温≤4℃,陆地平均风力可达 6 级以上;或者已经下降 10℃以上,最低气温≤4℃,平均风力达 6 级以上,并可能持续。

(3)橙色预警信号。24 小时内最低气温将要下降 12℃以上,最低气温≤0℃,陆地平均风力可达 6 级以上;或者已经下降 12℃以上,最低气温≤0℃,平均风力达 6 级以上,并可能持续。

(4)红色预警信号。24 小时内最低气温将要下降 16℃以上,最低气温≤0℃,陆地平均风力可达 6 级以上;或者已经下降 16℃以上,最低气温≤0℃,平均风力达 6 级以上,并可能持续。

2. 低温冷害

低温冷害多由寒潮引起,是一种农业气象灾害。冷害使作物生理活动受到障碍,严重时某些组织遭到破坏,常引起蔬菜幼苗死亡。但由于冷害是在气温0℃以上,有时甚至是在接近20℃的条件下发生的,作物受害后,外观无明显变化,故有"哑巴灾"之称。低温冷害是宁波市危害较重的农业气象灾害,主要发生在春秋季。

冷害按发生时的天气特点,可分3种类型。一是湿冷型:低温伴随阴雨,日照少,相对湿度大而气温日较差小。二是干冷型:冷空气入侵后,天气晴朗,相对湿度小而气温日较差大。三是霜冷型:前期低温与来得特早的秋霜冻相结合所致。

按对作物危害的特点,冷害可分为3种类型。一是延迟型冷害:较长时期的低温削弱植株生理活性,引起作物生育期显著延迟,在生长季节内不能正常成熟,导致减产。二是障碍型冷害:作物在生殖生长阶段,主要是孕穗期和抽穗开花期遇短时间低温,生殖器官的生理机能被破坏,影响受精和孕穗,造成空壳减产。三是混合型冷害:由上述两类冷害相结合而成,比单一型危害更严重。

3. 冻害

冻害是指植物在0℃以下强烈低温下受到的伤害。冻害主要发生在蔬菜越冬期间。冻害可造成植株死亡,冻伤株长势衰弱也会导致减产。冻害的成因除低温强度外,还与降温速率、冻后复温速率、变温幅度、冻后脱水程度及植物抗寒锻炼等有关。植物细胞通常在降温时原生质浓缩保持过冷却状态,一旦原生质结冰,细胞立即死亡。但有时原生质并未结冰,细胞也可能因胞间冰晶机械损伤或过度浓缩受毒害而死亡。

冻害在不同地区表现不尽相同。华北冬小麦冻害严重;华北南部和黄淮平原油菜冻害严重;长江流域蔬菜越冬受冻害最严重。突发性冻害与寒潮活动有关,如大白菜收获期冻害;越冬冻害与长时期不利条件有关,具有累积型灾害特征。有的暖冬年作物未经抗寒锻炼而抗寒性很差,冬季气温剧变或旱冻交加,也有可能发生冻害。

宁波市大的冻害平均5年左右发生一次,一般发生在12月下旬至翌年3月中旬。

4. 倒春寒

浙江省倒春寒的标准是指 4 月 5 日以后,日平均气温连续 3 天或以上≤11℃的天气过程,宁波各县市基本上 2~3 年出现一次,平均每次维持 3~4 天,最长能维持 6~8 天。长期阴雨天气或频繁的冷空气侵袭,抑或持续冷高压控制下晴朗夜晚的强辐射冷却易造成倒春寒。一般来说,当旬平均气温比常年偏低 2℃以上,就会出现较为严重的倒春寒。而冷空气南下越晚、越强、降温范围越广,出现倒春寒的可能性就越大。倒春寒是春季危害农作物生长发育的农业气象灾害之一,尤其是对蔬菜生产危害甚大,如果管理不当往往引起大面积的烂秧、死苗。

据气象资料,新中国成立后宁波市历史上,倒春寒比较集中的年份有 1963 年、1965 年、1987 年、1989 年、1993 年、1996 年、2010 年、2014 年、2015 年、2017 年;其中 1993 年宁波连续两次出现倒春寒,分别为 4 月 6—9 日,4 月 11—14 日。

5. 霜冻

霜冻灾害是指作物表面以及近地面空气层的温度迅速下降到作物组织冰点以下的低温而使植物体内组织冻结产生的短时间低温冻害,往往引起作物枯萎或死亡的现象(图 1-11)。空气湿润,冷空气入侵,常在地面物体上产生白色冰晶,称为"白霜"。当空气中水汽含量很少,霜冻出现时,水汽不饱和,就没有霜出现,这种没有霜的霜冻也称为"暗霜"。白霜形成时,水汽凝结而放出热量,所以"暗霜"的实际危害通常要比"白霜"更大。

由于各种农作物抗寒能力不同,霜冻时不一定就有霜出现。通常说的霜害,实际上是冻害。每年秋季以后第一次出现的霜冻叫初霜冻;到第二年春季最后一次出现的霜冻就叫终霜冻。秋季出现的霜冻也叫早霜或秋霜;春季出现的霜冻也叫晚霜或春霜。早霜出现的时期,一般天气还比较暖和,正在吐絮的棉花、成长期中的花生和晚熟蔬菜等易受冻害减产或质量变坏,甚至不能成熟。晚霜出现时,越冬作物正开始迅速生长;大多数春播作物还在幼苗

图1-11 霜冻灾害

期,经不起霜冻危害,能造成冻害或死亡。

在宁波地区4月1日以后日最低气温少于或低于4℃的晚霜冻,对农业生产影响最大。

6. 热害

(1)高温灾害。高温灾害是指由于气温偏高,影响农作物生长发育,甚至死亡的一种农业气象灾害。不同作物在不同时期、不同湿度情况下,对高温的承受能力有较大的差异,相对而言,生殖生长期对高温更加敏感,危害也更大一些。

2013年夏季,浙江曾出现持续高温天气,多地最高温度打破历史纪录。慈溪8月8日最高温度达到41.3℃,打破了40.6℃的历史纪录;定海8月8日最高温度达到42.3℃,打破了40.2℃的历史纪录;杭州8月9日最高温度为41.6℃,打破了40.3℃的历史纪录。历史上各地最高温度多出现在7月,而2013年夏季各地打破历史纪录的最高温度均发生在8月。

(2)干热风。干热风是一种高温低湿并伴有一定风力的灾害性天气。它会强烈破坏蔬菜等作物植株水分平衡和光合作用,导致严重减产。干热风的类型主要有高温低湿型、雨后热枯型、旱风型3种。干热风的主要危害:一是高温逼熟或早衰,单纯的高温可造成生育期缩短,或果实变小产量下降;还常造成呼吸强烈养分消耗过多易早衰感病。如高温超过适宜温度还可抑制发育。二是伤热烂菜、烂果。

(四)其他与天气有关农业自然灾害

气象灾害还可能引起其他有关的自然灾害,例如台风的强降水会引发洪涝灾害、山体滑坡、泥石流等地质灾害。这些灾害都会给蔬菜生产造成重大影响

二、农业气象灾害的危害

农业气象灾害危害极大,不论是哪一种气象灾害对农业生产所造成的损失都是相当严重的。新中国成立以来,我国气象灾害的大致发生规律如下。

(一)局部性或区域性的旱灾每年都有发生

据统计,新中国成立以来,我国曾先后出现过1959—1961年、1972年、1978年、1997年、1999—2001年等大旱年。其中2000年我国出现全国性干旱,先后有20多个省、自治区、直辖市发生严重旱灾,尤其是长江以北地区2—7月的春夏大旱范围广、持续时间长、旱情严重,华北、西北东部旱期长达半年之久;全国受旱面积高达6亿亩,为新中国成立以来之最,其中成灾4亿亩,绝收1.2亿亩,因旱灾损失粮食近600亿千克,经济作物损失510亿元,其影响超过了1959—1961年3年自然灾害,是新中国成立以来最严重的干旱年份。

干旱在浙江省一年四季都有可能出现,按出现时间可分为5—7月的夏旱和9—10月的秋旱,以夏秋连旱最为严重。以连续40天以上、任意10天内无连续降水日数≤4天,同时干燥度K≥2.0或K′≥2.7作为衡量浙江省各地干旱指标,浙江省约有1/3年份为干旱年。金衢盆地和丽水等地及舟山群岛、杭州湾两岸地

区为多旱区,干旱发生的频率在40%~50%以上,其中金衢盆地片多夏秋连旱,舟山群岛及北部沿海片以夏旱为主。浙西北、浙东、浙南丘陵山区和沿海平原为少旱区,干旱发生的频率一般在20%以下。除多旱和少旱区外的平原、丘陵及浙东南沿海岛屿为次多旱区,干旱发生的频率在20%~40%,受秋季天气系统和台风影响,大部分地区秋雨较为明显,故夏秋连旱较少,但因丘陵山区水土不易保持,抗旱能力差,遇大旱对农业生产影响较大。当夏秋季节出现高温时会加重干旱灾害。2003年出现1967年以来最严重的夏秋连旱,并在7月到8月初浙江省大部分地区日最高气温在40℃以上,农作物田受灾面积985.5万亩,成灾面积575.8万亩,绝收面积164.8万亩,减产粮食105.7万吨,农业直接经济损失35.4亿元。

(二)洪涝灾害频繁

据统计,1978以来我国平均每年洪涝受灾面积为130亿亩。20世纪90年代是新中国成立以来洪涝灾害最严重的10年,每年平均洪涝受灾面积高达229.6亿亩,成灾面积为130.8亿亩。其中1991是新中国成立以来涝灾最严重的年份,全国涝灾受灾面积近370亿亩,水灾漫及全国24个省、自治区,其中以安徽、江苏、湖北、河南等8个省灾情最为严重,直接经济损失达779 108亿元。1998年大洪水漫及全国29个省、自治区、直辖市,其中江西、湖南、湖北、黑龙江、内蒙古、吉林等受灾最重。

浙江省洪涝主要发生于梅汛期(5月至7月上旬),其基本特征是总量大、历时长、范围广。洪涝的产生受暴雨量、暴雨强度、径流情况、地表储水状况和地形等诸多因子的影响。由于有暴雨、大暴雨和连续大雨发生,常造成山洪暴发、江河泛滥、淹没农田和村庄、毁坏水利设施等。研究表明,日降水量≥100毫米、连续3天降水量≥150毫米、连续5天降水量≥200毫米,都会对浙江省局部地区造成较重的雨涝灾害。而且,随着上述各级降水量的增加,雨涝灾害影响程度加重。如1993年6月19日金衢盆地各县市出现降水量在 100 毫米以上的大暴雨过程,造成农田受淹 164 万亩、房屋倒塌 1.9 万间、受灾人口 198 万人,直接经济损失 15 亿元。浙江省梅汛期洪涝灾害平均 2~3 年一遇,以浙南、浙西丘陵山区最多,其频率达 50% 以上,平均 2 年一遇;浙西北山区、东南沿海丘陵山区次之,频率为 30%~50%;北部平原、沿海岛屿较少,频率在 10% 或以下。

(三)冷害冻害常有发生

据统计,新中国成立以来我国冷冻害偏重的年份有 1993 年、1998 年和 1999 年。1993 年和 1998 年的冷冻害主要发生在江淮和江汉、江南、华北地区,造成农作物受灾面积分别为 70 亿亩和 130 亿亩,成灾面积分别为 33 亿亩和 47 亿亩,绝收 7.5 亿亩和 7.8 亿亩;1999 年的冷冻害主要发生在华南和西南地区,全国有 99.3 亿亩农作物遭受冷冻害,其中成灾 40.4 亿亩,绝收 9.6 亿亩,直接经济损失超过 180 亿元。2008 年 1 月中下旬出现历史同期罕见的大范围持续性低温、冰冻、雨雪天气,其中湖南、湖北、贵州、江西、安徽等省受灾最为严重。

浙江省春季低温发生的时段主要集中在 4 月份,春季低温北部较南部重,北部春季低温出现概率约 3 年一遇,浙中约 5~8 年一遇,春季低温持续时间一般为 3~4 天,但个别年份可持续 4~5 天。浙江省的秋季低温一般发生在 9—10 月,若遇日平均温度连续 5 天低于 20℃ 或 22℃,即形成秋季低温。全省性 20℃ 低温近 3 年一遇,22℃ 低温近 4 年一遇。

浙江的春季霜冻是指在 3 月 1 日后当日最低温度小于 2℃ 时在近地面出现霜冻。春季霜冻以浙北东部最多,出现概率在 70% 左右,浙中、浙南盆地及东南沿海春季霜冻较轻,出现概率在 30% 以下,其他地区出现概率 30%~50%。

寒潮大雪一般发生在冬季 11 月至翌年 3 月,以日平均气温 24 小时下降 10℃ 或 48 小时下降 12℃ 以上,且最低温度小于 5℃ 为标准。造成灾害的寒潮大雪主要发生在 1—2 月,且 2 月多于 1

月。1月发生雪灾的概率全省大部地区在10%以下,山区雪灾较为严重,且浙西山区重于浙东山区,发生概率在35%以上。3月份虽然发生雪灾的概率不多,但一旦发生,危害极大,特别是对农业生产会造成无可挽回的损失。2005年发生的"3·11"雪灾是自1970年以来对浙江省影响范围最广、强度较强、局部地区最低气温打破了历年同期最低气温。

（四）雹灾较多

我国是世界上雹灾较多的国家之一,分布特点总体上来说是山区多于平原,内陆多于沿海,中纬度地区多于高纬度或低纬度地区。青藏高原和祁连山区是我国雹日最多、范围最广的地区。据统计,1993年和2002年是我国风雹灾较为严重的两年,1993年全国约有800多县(市)出现风雹,受灾面积99.3亿亩、成灾54.5亿亩、绝收12.9亿亩,其中受灾程度较重的有四川、河北、山东、吉林、湖北、广东、山西等省。

浙江省雹灾主要发生在3—8月,以春夏之交最为频繁,其中春季占71%,夏季占29%。年平均发生次数有2.5次。多发生于浙西丘陵山区、金衢盆地西部、浙南山区以及浙北的嘉兴、湖州一带,其次杭州、绍兴等地,舟山为最少。冰雹大风的危害程度相当严重,其灾害发生时间短、预测难度大、影响范围广,对农业生产极具破坏性。如1970年7月下旬早稻成熟期发生在嘉兴、绍兴的一次较大范围的冰雹大风,有12个县受灾,近40万亩早稻减产。

（五）台风危害严重

我国是世界上遭受台风危害最严重的国家之一,平均每年登陆我国的台风有7个,最多的年份达12个(1971年)。台风登陆的地区几乎遍及我国沿海地区,但主要集中在浙江以南沿海一带,以登陆广东省的为最多。我国台风灾害较为严重的年份有1971年、1990年、1994年和1996年。其中,1971年有12个台风在我国沿海登陆,是新中国成立以来最多的一年;1990年我国台风灾害也较为严重,全国受灾面积5 162万亩,造成直接经济损失

100多亿元,其中受灾最重的是闽、浙、苏三省。

浙江省是台风危害最严重的区域之一,其影响严重程度居气象灾害之首。1949年以来平均每年有1.33个台风严重影响浙江省,平均每年登陆0.48个。受台风影响最早出现在5月17日(0601号台风),最迟出现在11月17日(5229号台风)。但影响浙江省的台风80%出现在7—9月。台风影响时,最大风力浙江东部沿海地区可达12级以上,最大日降雨量可达400毫米以上。台风造成沿海高潮增水历年平均0.5~0.7米,台风增水与天文高潮叠加,特别是与天文大潮叠加,极易诱发风暴潮灾害。如2004年8月12日在浙江省温岭石塘登陆的14号台风"云娜",登陆时台风中心气压950百帕,台州大陈风速58.7米/秒,沿海地区普遍风力达12级以上,10级风圈达180千米,降雨量大于100毫米,笼罩面积达2.2万平方千米;"云娜"登陆时正逢天文大潮起潮期,台风增水最大达3.5米,其中海门潮位达7.42米。给浙江省农业生产和人民生命财产安全造成重大损失,全省有10个市、75个县(市、区)1 299万人遭受严重灾害,死亡失踪188人,农作物受灾面积600万亩,成灾近300万亩,绝收105万亩;牲畜死亡7.28万头,家禽死亡598.35万只,水产养殖损失16万吨。全省经济损失达181.3亿元,其中农业直接经济损失47.7亿元。

上述几种农业气象灾害是影响我国农业生产的主要气象灾害,其中干旱和洪涝又是对我国经济发展、尤其是对农业发展影响最大的农业气象灾害。台风则对浙江有严重危害。当然,除了这些气象灾害外,泥石流、滑坡、山洪暴发等次生气象灾害以及由气象灾害引发的瘟疫、环境污染、虫灾、森林草原火灾等气象衍生灾害都是影响我国农业生产的重要因素。

第三节　农业气象灾害特点

我国农业气象灾害种类多、频率高、强度大、灾情重,主要有台风、洪涝、高温干旱、低温冻害、寒潮大雪以及冰雹大风等,其发生具有以下特点。

一、农业气象灾害的出现有明显的季节性

我国广大地区受季风影响,农业气象灾害的出现具有明显的季节性。例如暴雨主要出现在4—10月,大降雨有规律地自南向北推进,华南4—5月进入前汛期,长江中下游地区在6—7月进入梅雨期。台风一般发生在夏、秋季,而冬季则不会发生。暴雨及由此引起的洪涝灾害主要发生在7—8月。雷暴和冰雹则往往出现在春季3—5月或夏季6—8月,有的地区早的可出现在2月,迟的出现在9—10月。寒潮主要出现在11月至翌年3月,最早的寒潮可在9月下旬出现,最迟的可在4月出现。干旱根据出现的季节分为春旱、夏旱和秋旱。

二、农业气象灾害的出现有显著的区域性

我国东部较为湿润多雨,日雨量≥50毫米的暴雨主要出现在东经100°~105°以东的东南部;由持续暴雨引起的洪涝灾害则主要出现在我国几大河流、湖泊地区,这是暴雨与地质、水文等条件结合的结果。另外,暴雨的出现还与地形关系十分密切,一般而言,山脉的迎风坡容易出现暴雨。又如台风主要集中在沿海地区,内陆地区则较少发生。

三、农业气象灾害的出现有明显的年际性

气候变化因季节的变化而起变化,但这并不意味着在同一地区每年必然会出现一些影响面广,持续时间长的农业气象灾害。气象灾害带有明显的年际变化特点,例如20世纪90年代以来,长江流域在1991年出现了特大洪涝,而在1994年却出现了丰年特大干旱,1998年则又出现了长江全流域的特大洪涝灾害。

四、农业气象灾害的出现具有并发性

灾害发生往往形成连锁反应,如台风—暴雨—洪涝—农作物病虫害等。农业气象灾害是客观存在的,又是不断变化的,近年来,灾害发生呈现出新态势和新问题。随着经济的快速发展,工业和其他反自然现象所形成的污染,破坏了自然气候的分布和平衡,加之人为破坏,造成环境质量恶化;水土流失,河流、湖泊缩小,土地污染,导致农业生态日益失衡;地球变暖,雨、雪、雹的不正常降落,致使天气气候极端事件的发生频率趋多、趋强,自然灾害的频率和烈度也越来越大。主要呈现以下特征:一是大灾次数增加,小灾次数减少,灾害发生的间隔期越来越短。典型如2005年,浙江省先后遭受低温冻害、干旱、梅汛期洪涝、台风等灾害,尤其是7—10月先后有5个台风影响和登陆浙江省,给全省的农业生产造成了极大损失。二是农业成灾面积不仅没有减少,反而有所扩大,成灾率上升。统计结果表明,1996—2000年农作物总播种面积累计2.89亿亩,成灾面积量0.42亿亩,占总播种面积的14.5%;2001—2005年,农作物总播种面积累计2.21亿亩、成灾面积0.34亿亩,占总播种面积的15.4%。三是大灾之后的经济损失越来越大。随着农业资本和技术集约度的提高,灾害损失更为显性、更为集中,经济越发达的地区灾害损失越大。仅2001—2005年,浙江农业直接经济损失达497.5亿元,年平均在100亿元左右。此外,由于实行家庭联产承包责任制后,土地分割过于零散,限制了农田水利设施建设。加之城市迅速扩张,道路等基础设施大量建设,人为地破坏了自然排泄系统。部分地区农田水利设施老化、损毁严重,没有得到及时修复,造成排灌不畅,失去了抵御自然灾害的功能,抗灾能力下降,成灾率上升。还有部分地区农作物种植布局不尽合理,不能达到趋利避害的目的,一旦发生灾害,即造成严重损失。

第二章　台风对蔬菜生产的
影响及应对技术

第一节　台风期间主要蔬菜种类及所处的生育时期

　　台风是我国沿海地区的主要农业气象灾害,对浙江宁波地区农业生产造成影响的台风,大多发生在 6—11 月期间,尤以 7—9 月为重,极易造成重大灾害损失。这一时期,蔬菜种类繁多,生育时期各异,有诸多秋冬蔬菜处于播种育苗或定植阶段,又有诸多蔬菜则正由旺盛生长转入开花结果或进入成熟采收的时期。本章主要是针对 7 月至 9 月期间的台风灾害影响及应对技术措施。

　　一、台风期间主要蔬菜种类

　　7—9 月台风期间,宁波市蔬菜种类十分丰富,主要有:根菜类的萝卜、胡萝卜等,白菜类的小白菜、大白菜、黄芽菜等,甘蓝类的结球甘蓝、花椰菜、青花菜,芥菜类的雪菜、高菜、包心芥菜、榨菜等,绿叶菜类的秋莴苣、芹菜、菠菜、空心菜、苋菜、茼蒿等,葱蒜类的葱、大蒜、韭菜等,茄果类番茄、茄子、辣椒等,瓜类的西瓜、甜瓜、黄瓜、冬瓜、南瓜、苦瓜等,豆类的长豇豆、四季豆、毛豆、蚕豆、豌豆等,薯芋类的马铃薯、芋艿(芋头)等,水生蔬菜的茭白、莲藕等,多年生蔬菜的芦笋、草莓育苗等。

　　二、台风期间主要蔬菜所处的生育时期

　　1. 根菜类蔬菜

　　主要为萝卜和胡萝卜。大多数秋冬萝卜 7 月中下旬至 8 月下旬直播,9 月为大田生长期,部分品种可在 9 月播种。

2. 白菜类蔬菜

（1）白菜。7—9月小白菜可分期分批播种,分期分批采收。一般采收"鸡毛菜"的播后20天即可采收;采收中小菜的可在播后25天开始采收。

（2）大白菜。大白菜一般8月中旬至9月上旬播种育苗,9月上旬至9月底处于苗期和大田营养生长期。

3. 甘蓝类蔬菜

（1）结球甘蓝。春甘蓝9月中旬开始为播种育苗期;夏甘蓝7月上中旬为移栽定植期,7月中旬至8月中下旬为叶球大田生长期,8月下旬至9月底为叶球采收期;秋冬甘蓝7月至8月下旬为播种育苗期,8月下旬至9月处于定植期和大田生长期。

（2）秋冬花椰菜。早熟花椰菜7月上旬前播种育苗,7月上中旬至8月上中旬为移栽定植期,8月中旬至8月底为还苗、茎叶生长期,8月底至9月中旬为花球生长期,9月下旬开始处于花球采收期;中熟品种一般7月至8月上中旬为播种育苗期,8月上中旬至9月上中旬为定植期,9月上中旬至10上中旬处于还苗、长坯、莲座期;晚熟品种8月份为播种育苗期,9月为移栽定植期。

（3）秋冬青花菜。早熟青花菜7月中旬至8月上旬为播种育苗期,8月上旬至8月底为移栽定植期,9月初至9月下旬为还苗、长坯、莲座期,9月底开始处于花球生长期;中熟品种一般8月上旬至8月下旬为播种育苗期,8月下旬至9月中旬为定植期,9月中旬至9月底处于还苗、长坯、莲座期;晚熟品种8月下旬至9月中旬为播种育苗期,9月下旬至9月底处于移栽定植期。

4. 芥菜类蔬菜

（1）冬雪菜。冬雪菜8月至9月上旬为播种育苗期,9月中旬为苗期,9月下旬处于定植期和大田生长期。

（2）包心芥菜。包心芥菜一般7月下旬播种育苗,8月上中旬为苗期,8月下旬为定植期,9月为大田旺盛生长期。

(3)榨菜。春榨菜9月底10月初处于播种期;冬榨菜9月上旬播种,9月底前处于苗期和移栽定植期。

5. 绿叶菜类蔬菜

(1)秋莴苣。秋莴苣一般8月上中旬为播种育苗期,9月上旬定植,9月中旬后为大田生长期。

(2)芹菜。芹菜7月至9月上旬均可分期分批播种育苗。一般大棚夏秋栽培的,7月至8月为播种育苗期,苗龄40~50天,8月上中旬至10月初定植;大棚冬季栽培的,8月下旬至9月上旬播种,9月至10月处于秧苗期。

(3)秋菠菜。8月下旬露地直播,9月上旬出苗,后处于苗期和大田旺盛生长期,10月上旬开始可陆续采收。

(4)秋空心菜。秋空心菜一般7月上中旬播种,后为苗期,8月份开始可间拔上市,或留基部2~3节收割,随后间隔10天左右可采收一次,整个9月处于旺盛生长期和采收期。

(5)苋菜。苋菜7—8月仍可分期分批播种,以小菜整株采收或割嫩茎上市。8—9月处于旺盛生长期和采收期。

(6)秋茼蒿。秋茼蒿一般8月上旬在大棚内播种,后处于出苗期和苗期,9月下旬,苗高15厘米左右时,可删苗采收,后采收主茎和分枝茎叶上市。秋茼蒿也可于9月上旬露地直播,9月中旬后为苗期。

6. 葱蒜类蔬菜

(1)葱。春栽小葱一般7月上中旬开始陆续采收上市,为采收期。秋冬栽培的小葱,7月开始可采用葱头播种,8—9月为苗期和大田生长期;采用种子播种的,一般在9月中下旬播种。

(2)大蒜。宁波本地的大蒜一般都作青蒜栽培,8月上旬至8月下旬为播种适期,9月处于苗期。

7. 茄果类蔬菜

(1)番茄。早熟、特早熟栽培番茄7月处于采收末期;露地番茄7月处于采收期,一般7月底8月上旬采收结束。

(2)茄子。春早熟、特早熟栽培茄子7月至9月处于采收后期,管理得当,仍可不断开花结果和采收。秋茄子7月处于播种育苗期,8月初至8月中旬移栽定植,8月下旬至9月中旬处于开花、结果期和采收期,可不断开花结果,不断成熟采收。

(3)辣椒。无论是大棚早熟栽培、小拱棚还是露地栽培辣椒,7月至9月都处于开花结椒和成熟采收期。

8. 瓜类蔬菜

(1)西瓜。冬春大棚早熟、特早熟栽培西瓜7月至9月处于开花结果和成熟采收期;春季小拱棚和露地栽培西瓜7月处于成熟采收期,一般7月底至8月上中旬采收结束;夏秋大棚西瓜一般7月上旬至8月初播种育苗或直播,7月下旬至8月中旬定植,9月处于大田生长和开花结果期。

(2)甜瓜。早熟、特早熟大棚甜瓜7月处于采收后期;秋栽大棚甜瓜7月上旬为播种育苗期,7月中旬为苗期,7月下旬为定植期,8月份为营养生长和开花坐果期,9月上旬到9月中旬为果实发育期,9月下旬开始成熟采收。露地甜瓜7月至8月上中旬处于开花结果和成熟采收期。

(3)黄瓜。春大棚黄瓜7月为采收末期;春露地黄瓜7月份处于抽蔓和开花结果期,一般7月底采收结束;秋露地黄瓜7月下旬至8月上旬为播种期,8月上旬至8月底为大田生长期,9月处于抽蔓和开花结果期;秋大棚黄瓜一般8月播种育苗,9月处于抽蔓和开花结果期。

(4)南瓜。南瓜7月至9月处于开花结瓜和成熟采收期。

9. 豆类蔬菜

(1)长豇豆。春栽长豇豆7月处于收获期,收获期长短根据生长情况而定。夏播长豇豆一般5月至6月上旬直播或育苗,7月处于苗期,8月至9月处于旺盛生长期和成熟采收期。

(2)菜豆。直播地膜覆盖菜豆7月处于采收期,一般7月底采收结束。秋播菜豆一般7月中旬至8月上旬播种,8月中旬至9月中旬处于大田生长和开花结荚期,9月中旬后处于开花结荚和成熟采收期。

(3)菜用大豆。露地栽培菜用大豆7月处于采收期,一般7月底8月初采收结束;秋栽菜用大豆6月下旬至7月上旬直播,后处于大田生长期和开花结荚期,9月下旬开始成熟采收。

(4)秋豌豆。秋豌豆一般9月上旬露地直播,9月中旬至9月底处于大田生长期。

10. 薯芋类的蔬菜

(1)秋马铃薯。秋马铃薯一般8月底至9月上旬播种,9月上旬至9月底处于大田生长期。

(2)芋艿。芋艿7—9月处于结芋期,8月底至9月处于成熟采收期,早熟、特早熟栽培的采收期适当提前。

11. 水生蔬菜

(1)茭白。露地栽培双季茭白7月上旬至中旬处于梅茭采收期,春栽的一般8月底至9月处于秋茭采收期,夏茭一般7月上旬为采收末期,其余时间处于大田生长期和孕茭期。秋栽茭白7月中旬至8月初为大田移栽期,后为大田生长期。大棚设施栽培的,采收期适当提前。

(2)莲藕。青荷藕7—9月处于结藕和成熟期,可根据市场需求,随时采收上市。

12. 多年生蔬菜

(1)大棚草莓。大棚草莓7月至9月中旬为育苗期,9月中旬至9月底为定植期,其中9月中旬为定植适期。

(2)芦笋。新发展的大棚芦笋可在7月中下旬至8月上中旬播种育苗,8月下旬至9月处于育苗期。定植第二年的大棚芦笋7月至8月中下旬处于采收期,8月下旬至9月以留田茎促第二批新茎出生为主。

第二节　台风对蔬菜生产的危害

一、台风对蔬菜生产的危害

台风带来的狂风暴雨,以及所引起的洪涝灾害,会对蔬菜生产造成极大的损害,主要表现在以下几个方面。

1. 基础设施和生产设施受损

台风带来的风雨洪涝往往会对蔬菜基地沟、渠、路等基础设施和生产综合管理用房、大棚设施等生产设施造成不同程度受损,尤其会造成大棚倾斜或倒塌、棚膜撕裂、棚内喷滴灌设施设备毁坏,直接影响蔬菜生产。同时,农资农具仓库冲毁或进水浸泡,还会造成种子、肥料、农药等农资受潮变质,农机具生锈或受损,农膜、遮阳网等受泥浆水、污水浸泡无法使用,加重台风灾害损失。

2. 蔬菜生产受阻和作物受损

狂风暴雨和洪涝直接冲毁作物、吹倒植株、折断茎秆、拉伤根系、打碎叶片和嫩芽、吹落花蕾和果实,造成蔬菜损失。菜地经暴雨洪涝和淹水后,植株生长不良,落花落果(荚)严重,田间湿度加大,病虫害加重发生和蔓延,严重的造成植株死亡,尤其是西(甜)瓜、小白菜等耐湿性较差的蔬菜,淹水后往往会出现大面积死亡现象。

3. 秋冬蔬菜育苗受损

7—9月正是秋冬季蔬菜播种育苗的关键季节,暴雨洪涝极易冲走已播的蔬菜种子和小苗,造成秧苗直接损失。暴雨冲刷露地苗床,造成种子出苗率差、秧苗僵化、烂种烂芽或秧苗根系裸露死亡。同时,台灾发生后,秧苗受损严重,往往造成秧苗数量减少、素质下降,打乱种植计划和生产进度,进一步加大灾害损失。

二、台风造成蔬菜受害的主要原因

1. 大风造成蔬菜受损

除蔬菜植株和枝叶折断、花蕾和果实吹落,造成直接受害外,蔬菜叶片受风雨击打破碎,影响正常的光合作物;植株吹倒或严重倾斜,拉伤根系,影响蔬菜正常的养分和水分吸收;风雨过后田间郁闭度增加,影响蔬菜正常生长。同时,大风造成植株伤口增加,田间郁闭,容易感染病菌,造成病虫害加重发生和蔓延。

2. 暴雨造成蔬菜受损

暴雨冲刷田间及苗床,造成土壤养分大量流失,畦面(床面)板结,土壤通透性变差,根系养分和氧气供应不足,植株体内正常的生理生化反应受挫;炭疽病等病菌孢子随风雨传播扩散,造成短时间内病害发生和蔓延。

3. 洪涝(内涝)造成蔬菜损失

除冲毁蔬菜植株和瓜菜长时间浸泡后发生腐烂变质造成直接损失外,蔬菜地土壤在洪涝、淹水后发生明显的物理变化,其中最主要的是氧气减少,导致氧化还原电位急剧下降,表现为土壤中有机物质的矿化作用减缓、反硝化作用加强、形成高浓度无机离子、游离酸等多种对植株生长有害的物质。蔬菜在洪涝、淹水后,植株体内各种正常的生理代谢反应受到抑制,包括养分吸收和运输,并产生大量的乙醇、乙醛等有毒代谢物质影响蔬菜生长发育。在洪涝、淹水过程中,浑浊的泥浆粘满蔬菜茎秆和叶片表面、堵塞气孔,影响正常的光合作物,导致蔬菜因"饥饿"生长不良,严重的引起植株死亡。同时,洪涝过后,田间郁闭严重,湿度加大,植株伤口多,极易感染病菌,造成病害加重和快速蔓延,尤其是软腐病、疫病等往往发病严重。

三、影响台风灾害损失程度的主要因素

1. 蔬菜种类与品种

不同蔬菜种类或同一蔬菜种类不同品种对台风灾害损失程度的影响是不同的,如雪菜、榨菜、蕹菜、芋、菱等蔬菜一般比茄果类、瓜类蔬菜较抗台风影响,在台风灾害中一般受害程度较轻,而同一蔬菜不同品种间的表现也有所不同。例如:花椰菜早熟品种"80日"受淹后,平均死亡率高达75.4%;而晚熟品种"120日"平均死亡率52.4%。又如结球甘蓝,遭受台风灾害后,平头类型的品种受灾要重于牛心类型品种。这主要与品种的适应性和植株的生长习性有关。甘蓝品种间差异除品种间适应性不同外,还与植株生长状态有关,牛心甘蓝植株较小,外茎短,叶柄较短,叶片组织比较坚硬,抗台风能力较强,因此受害较少;而平头甘蓝植株大,叶柄和外茎长,叶肉组织较嫩,容易遭受台风灾害。

2. 生育时期

从台风灾害蔬菜植株死亡率看,没有明显的规律,但从受害指数看,从播种至子叶出土这一阶段,短时间受淹,小苗要较4~8片真叶的幼苗更耐涝,但到定植大田后,受害指数反而降低。这是因为4~8片真叶的幼苗组织较嫩,根入土浅,植株极不稳定,易受损伤。但也有例外的情况,如番茄,苗期受害较轻,后期受害较重。

3. 地势高低

地势低、地下水位高的,排水困难,受涝时间越长,越易引起作物根系窒息、腐烂,甚至死亡;地势高、排水能力强,受涝就轻。如花椰菜在低洼地淹水时,几乎全部死亡;而在地势较高的田块同样受灾后死亡率为63.5%。

4. 土壤类型

土壤类型与蔬菜受涝轻重有很大关系。土壤肥沃、疏松、土壤结构良好的受害较轻;相反,土质黏重或沙土受害就重。据台灾后观察,同时播种的黄芽菜,苗床土为乌沙土(土质疏松、富含有机质的土壤)和瓦砾土(有机质含量少的粗沙土)的,死苗率为1.7%~11.3%,受害指数为22.4%~52.3%;而马干土(有机质少的黏土)和流沙土(地力差的粉沙壤土)分别为29.6%~31.1%和52.5%~69.3%。

5. 栽培畦类型

宽畦栽培的受害较重,深沟窄畦的受害较轻。据测定,畦宽1.5米的花椰菜成活率为26.9%,而畦面宽2.2米的成活率仅为8.2%。同时,同样宽度的畦,畦边与畦中受台风涝害的情况也有显著差异,花椰菜边行成活率要高于畦中。

6. 育苗方式

育苗方式与受害程度也有一定的关系,根据调查,凡是直播未经移植的成活率 58.9%~71.9%,受害指数 39.6%~51.0%;未经假植大田定植(即移植一次)成活率为 26.9%,受害指数 65.8%;而移植两次(假植一次)分别为 19.9%和 68.1%。以上结果说明,直播的植株死亡少、移植的死亡多,而且移植次数愈多,受害也就愈高。这是因为移植后根系或多或少受到损伤,大田定植后要有一个缓苗过程,发生的新根往往都集中在土壤的表层,不能深扎,容易受害。

7. 田间管理水平

从多年的实践证明,凡是台风前管理好,如播种、间苗、支架和病虫防治及时,管理精细的田块,并注意排水等防台风措施,植株生长强健,受害就较轻;相反管理不善,植株本身生长差,抗御自然灾害的能力更弱。

8. 挡风物有无

苗床和大田周围挡风物的有无,也直接关系到蔬菜受害程度。宁波市的台风风向一般为东北方向,在苗床、大田的东侧或东北侧有挡风物都能起到一定的防风作用。据调查,在花椰菜东侧有高3 米、宽 3.3 米的竹堆,在它防风范围以内的 34 株全部成活,而其他部分植株的成活率仅 25%。蔬菜受害程度与挡风立架的方向也有密切关系。东西架向,因与风向大抵平行,风力小,植株受害也小;南北架向,因迎风且阻力大,受害明显增加。

第三节　台风灾害的应对技术

台风期间,加强与气象部门联系会商,随时掌握台风强度、路径、风力、雨量、持续时间、影响范围等相关信息,抓紧通报给各级涉农单位和部门,以及生产主体(农业企业、合作社、家庭农场、种植农户等),及时做好应对工作,如夯实堤埂、清理沟渠、加固棚室、转移农资、抢收蔬菜、准备抗台风灾害物资等。

一、台风灾害前防范技术措施

1. 清理沟渠,强化排涝准备

抓紧夯实堤埂,清理沟渠,确保排水通畅;筑高、加固基地四周围堰,防止围堰渗漏;检修、准备水泵等强排设备,电动泵和柴油泵相配套,随时应对台风引起的洪涝灾害。

2. 抢收蔬菜,强化减损准备

抓紧采收一批蔬菜,及时上市销售、进仓库贮藏或保鲜库冷藏,避免台风灾害造成蔬菜产品损失。包括抢收西瓜、甜瓜、番茄、毛豆等已成熟蔬菜;抢收黄瓜、南瓜、冬瓜、茄子、辣椒、长豇豆、花椰菜、青花菜、结球甘蓝等已成熟或临近成熟的蔬菜;抢收青菜、木耳菜、空心菜、芹菜、葱、大蒜等随时都可以采收,时间比较灵活的蔬菜。

3. 精心育苗,强化避灾准备

选择地势高燥、排水良好、四周有挡风物的田块作为苗床。育苗地相对集中,尽可能采用大棚等避雨设施育苗;露地育苗的,苗床上临时加搭小拱棚,覆盖遮阳网、防虫网等防护,避免暴雨直接冲刷苗床。育苗条件较差或草莓等露地育苗的,需预留15%左右的备用秧苗,以应对台灾损失造成的秧苗不足。做好秋季蔬菜育苗预防措施,可以减少秧苗损失。

4. 加固设施,强化抗台风灾害准备

及时加固大棚等棚架设施,尤其是针对一些简易的毛竹大棚、生产多年的旧钢架大棚,需及时进行骨架加密、棚体支撑等加固措施。及时放下裙膜,紧闭棚门,以减少棚架、棚膜和棚内作物受损。同时,要对田间地头的简易用房设施进行加固,防止强风暴雨揭翻,加重灾害损失。

5. 加强护理,强化科技准备

高秆和搭架栽培作物,如玉米、茄子、长豇豆等,做好培土护根、插棒绑蔓等防护工作,防止大风吹倒(断)茎秆,拉伤(断)根系,影响作物养分吸收,以及因伤口增加,导致病菌感染。

二、台风灾害期间应急技术措施

1. 疏堵结合,强化应急排涝

加强田间巡视,发现有沟渠坍塌、杂物堵塞现象,要及时进行清理和疏通,确保排水通畅;发现堤坝、田埂、围堰等松软、塌方,有渗漏、决堤、倒灌等现象,要及时进行加固、加高、堵漏;发现田间积水过多、自然排水困难,要及时用水泵进行强制排水,减少田间积水,避免内涝和淹水。

2. 加固棚室,强化应急抗风

根据风雨的大小,在棚体能够承受的范围内,及时进行棚架加固、棚体支撑、棚体密闭等检查和加固补救,避免大风揭翻棚室,以及风雨灌入棚内,造成棚内作物受损;风雨强度超过棚室承受范围时,要及时割破、揭除大棚膜,避免棚室骨架损失。

3. 抢收转运,强化应急减损

冒雨抢收灾前来不及抢收的蔬菜,抢收已受灾害影响但尚有利用价值的蔬菜,最大程度挽回损失;及时将低洼地苗床秧苗转运至地势较高、相对安全的棚室或仓库内进行临时放置,减轻秧苗受损,避免秋冬季蔬菜生产计划被打乱。

三、台风灾害后的补救技术措施

1. 抓紧清沟排水

台风灾害过后,清理河道、疏通沟渠、排除田间积水是第一要务。要想尽办法,尽快排除田间积水,降低地下水位,避免蔬菜长时间受浸,引起根系生长不良,伤根、烂根,甚至植株死亡。

2. 抓紧抢收灾后蔬菜

对受淹或经狂风暴雨吹打过,但仍有食用价值的蔬菜,要抓紧抢收上市,以挽回经济损失。如长豇豆、菜用大豆等豆类蔬菜,南瓜、瓠瓜、西(甜)瓜等瓜类蔬菜,茄子、辣椒等茄果类蔬菜,以及青菜、木耳菜、空心菜等各种叶菜类蔬菜。

3. 抓紧修复棚架等设施

及时清理、修复、加固大(中)棚等设施,修补、覆盖被撕裂或揭翻的棚膜、遮阳网、防虫网,以及喷滴灌等设施,为大棚蔬菜灾后尽快恢复生长及补播改种提供设施保障。

4. 抓紧中耕培土和补施追肥

暴雨冲刷、田间水淹后,易造成土壤养分流失、根系外露、土壤板结,要及时进行浅中耕、培土、除草,以增加土壤的透气性,避免根系外露和草荒。同时,全面补(追)施一次速效肥,浓度宜淡,或喷施磷酸二氢钾、氨基酸等叶面肥进行根外追肥,提高植株对水分和养分的吸收能力,促进快速恢复生长。

5. 抓紧田间护理

及时清理被台风吹落田间的枯枝落叶、死株及其他杂物,尽快清洗受淹植株茎叶,摘除受损严重的枝叶、果实,以利于作物恢复生长,减轻病虫危害。对倒伏或倾斜的玉米、茄子、长豇豆、丝瓜等高秆作物和搭架栽培作物应尽快扶正、培土和加固,摘除老叶、黄叶和病叶,促进通风透光,降低田间湿度。台风过后,往往高温烈日,要注意在蔬菜瓜果表面或棚架设施上覆盖遮阳网等遮阴降温,防止气温骤升和阳光暴晒,引起植株失水枯萎和茎叶、果实表面高温灼伤。

6. 抓紧病虫害防治

台风灾害过后,往往气温高、田间湿度大、蔬菜生长势弱、伤口多,易引发多种病害在短时间内暴发和快速蔓延,要引起高度重视,切实抓好蔬菜的病虫草害防治工作。尤其要高度重视软腐病、霜霉病、黑腐病、青枯病、枯萎病、疫病等病害的防治。要认真贯彻"预防为主、综合防治"的植保方针,根据各种蔬菜的病虫害发生规律,以农业防治为基础,因地制宜运用生物、物理、化学等手段,经济、安全、有效地控制病虫为害。结合药剂防治,喷洒磷酸二氢钾等叶面肥及一些植物生长调节剂,防治效果更佳。具体化学防治药剂及用法用量可参照附录。

7. 抓紧改种补播

受台风灾害严重或绝收田块,要及时进行改种补播。在改种补播时,要注意合理安排速生蔬菜和非速生蔬菜的种类和比例,避免集中上市,造成阶段性过剩,增产不增收,甚至亏本。可抓紧播种一批青菜、苋菜等速生叶菜,一方面可保证秋淡蔬菜供应,另一方面可在较短时期内采收上市,以增加收入,弥补灾害损失。同时,7—9月正是秋西(甜)瓜、秋冬甘蓝、秋大豆、秋玉米、秋马铃薯等多种作物的播种适期,可以根据各自的实际情况进行补播改种。具体改种、补播蔬菜种类及栽培技术详见第十一章。

第三章 高温干旱对蔬菜生产的 影响及应对技术

干旱没有严格的定义,一般多将降水量少于多年平均值的30%以上叫干旱。造成干旱的原因很多,但宁波地区发生的干旱大多由高温少雨引起,因高温造成的干旱,称为高温干旱。高温干旱期间,气温高,无雨或少雨,土壤中水分消耗殆尽,使蔬菜作物发生凋萎或枯死。

对宁波地区而言,春末夏初(5月至6月初)的春旱很少发生。高温干旱主要发生在7—9月,发生的概率较高,尤其是7—8月易多发夏旱、伏旱。此时梅雨已经结束,在相应的大气环流条件下,会长期晴热少雨,出现伏旱。特别是梅雨季节如果梅雨量偏少,短梅或空梅则在入伏后旱情会更加严重。夏季雨水少、台风影响小,则往往会出现不同程度的高温干旱现象。宁波市还会经常出现立秋后的"秋老虎"天气,即南退后的副热带高压又再度控制,形成连日晴朗、日照强烈,重新出现暑热天气。一般发生在8月、9月之交。如果此后若台风和冷锋降水很少,持续晴朗、日照强烈,将演变成为秋旱,并可能一直会延续到10月。

第一节 干旱和高温干旱期间主要蔬菜 种类及所处的生育时期

干旱、高温干旱对蔬菜作物的影响程度与灾害发生期间蔬菜所处的生育期密切相关。

一、干旱和高温干旱期间主要蔬菜种类

宁波市的干旱、高温干旱主要发生在 7—10 月,其中 7—9 月为夏旱、伏旱高发期,这一期间的蔬菜种类同台风期间蔬菜种类,详见第二章第一节。

二、干旱和高温干旱期间主要蔬菜所处的生育时期

7—9 月蔬菜所处的生育时期详见第二章第一节。本节重点介绍 10 月主要蔬菜所处的生育时期。

1. 根菜类蔬菜

(1)萝卜。根据市场需求,秋冬萝卜 10 月可以开始采收;春萝卜一般 10 月播种。

2. 白菜类蔬菜

(1)白菜。小白菜 10 月可继续分期分批播种,分期分批采收。

(2)大白菜。大白菜 10 月为大田旺盛生长期。

3. 甘蓝类蔬菜

(1)结球甘蓝。10 月春甘蓝处于苗期,秋冬甘蓝处于叶球生长期。

(2)秋冬花椰菜。10 月早熟花椰菜处于采收旺期,中熟品种处于莲座期和花球生长期,晚熟品种处于定植后期和植株还苗、茎叶生长期。

(3)秋冬青花菜。10 月早熟青花菜处于花球成熟和采收旺期,中熟品种处于长坯、莲座期和花球生长期,晚熟品种处于定植期和还苗、长坯期。

4. 芥菜类蔬菜

(1)雪菜。10 月冬雪菜处于定植期和大田旺盛生长期;春雪菜 10 月上旬播种育苗,10 中旬至 11 月上旬处于育苗期。

(2)高菜。9 月下旬至 10 月初播种育苗,10 月处于育苗期。

(3)包心芥菜。包心芥菜 10 月为叶球形成期,10 月下旬为成熟采收期。

（4）榨菜。春榨菜10月初处于播种期,后处于苗期;冬榨菜10月处于大田生长期。

5. 绿叶菜类蔬菜

（1）莴苣。秋莴苣10月处于大田旺盛生长期,春莴苣10中旬开始播种育苗。

（2）芹菜。芹菜10月处于旺盛生长期和采收期。一般大棚夏秋栽培的,10月初定植结束,后处于大田生长期;9月上旬前定植的芹菜,10中下旬开始采收上市;大棚冬季栽培的,10月处于秧苗期和移栽定植期。

（3）秋菠菜。秋菠菜10月上旬开始可陆续采收。

（4）秋空心菜。秋空心菜10月仍处于旺盛生长期和采收期。

（5）秋茼蒿。秋茼蒿10月大多处于采收旺期。

6. 葱蒜类蔬菜

（1）葱。秋冬栽培的小葱10月为大田旺盛生长期。

（2）大蒜。青蒜10月处于蒜叶生长盛期。

7. 茄果类蔬菜

（1）番茄。大棚番茄早熟品种一般10月上、中旬播种育苗,中、晚熟品种可适当推迟到10中、下旬播种。秋番茄10月处于开花结果和成熟采收期。

（2）茄子。10月春早熟、特早熟栽培茄子为播种育苗适期,秋茄子为开花、结果期和成熟采收期。

（3）辣椒。小拱棚、露地栽培及长季节越夏栽培辣椒,10月仍可继续开花结椒和成熟采收期;大棚早熟、特早熟栽培辣椒10月中下旬开始播种育苗。

8. 瓜类蔬菜

（1）西瓜。长季节栽培的大棚西瓜10月为采收末期。夏秋大棚西瓜一般10月份成熟采收。

（2）甜瓜。大棚秋栽甜瓜10月处于开花结果和成熟采收期。

（3）南瓜。南瓜10月仍继续处于成熟采收期。

9. 豆类蔬菜

（1）长豇豆。夏播长豇豆 10 月处于开花结荚和成熟采收期。

（2）秋菜豆。秋菜豆 10 月处于成熟采收期。

（3）秋菜用大豆。秋菜用大豆 10 月处于成熟采收期。

（4）豌豆。10 月鲜食秋豌豆处于开花结荚和成熟采收期，春豌豆一般 10—11 月露地直播。

（5）蚕豆。露地栽培蚕豆一般 10 月中旬至下旬为播种适期。

10. 薯芋类的蔬菜

（1）秋马铃薯。秋马铃薯 10 月上旬前处于结薯期，10 月中旬开始可采收上市。

（2）芋艿。芋艿 10 月处于结芋后期和成熟采收期。

11. 水生蔬菜

（1）茭白。露地栽培双季茭白，春栽的 10 月处于采收末期和分蘖期，秋栽的处于孕茭和采收期；大棚茭白 10 月处于孕茭和采收期。

（2）莲藕。莲藕 10 月仍可继续采挖上市。

12. 多年生蔬菜

（1）大棚草莓。大棚草莓 10 月处于大田生长期和花序抽生期。

（2）芦笋。新发展的大棚芦笋 10 月为苗期。定植第二年的大棚芦笋 10 月为留田茎生长期。

第二节　高温干旱对蔬菜生产的危害

蔬菜生长过程中必须要有适当的水分供应、适宜生长的温度和合适的光照强度。干旱、高温、强光照往往会导致蔬菜生长不良，造成减产甚至绝收，给蔬菜生产造成经济损失。

一、高温干旱对蔬菜的危害

1. 干旱的危害

蔬菜产品柔嫩多汁，常见蔬菜鲜重含水量达 90% 以上，其生长过程对缺水最为敏感,轻微的水分胁迫就能使生长缓慢或停止。在田蔬菜因土壤干旱缺水,会导致生长异常,轻则会导致茎叶萎蔫、叶片暗淡、茎生长受抑制、植物外形明显矮小、生长停滞,重则凋萎加重甚至枯黄死亡。茄果类、瓜类、豆类等蔬菜开花结果受到影响,落花落荚落果、畸形瓜果比例提高。秋栽蔬菜因缺水无法及时播种育苗、播后无法出苗,或出苗后枯死。同时,干旱和高温干旱会诱发大白菜干烧心病、番茄脐腐病,以及病毒病、螨类等多种病虫害。一些研究表明,株型紧凑的品种较株型疏松的品种更为抗旱。

2. 高温的危害

高温对蔬菜生长带来不利影响,是造成蔬菜秋淡的主要原因。除冬瓜、南瓜、苦瓜、空心菜等少数蔬菜耐热性强较外,叶菜类、茄果类、豆类等绝大多数蔬菜均不耐高温。蔬菜在高温下主要表现:一是影响正常播种出苗,出苗率、成苗率低,秧苗素质差。二是蔬菜生长徒长,尤其是夜温过高,徒长加剧,影响其后产量。三是蔬菜叶片卷曲、叶色暗淡无光泽、果实转色困难或着色不均,严重的引起植株枯黄死亡。如番茄在超过35℃高温下,会导致叶片卷曲、坐果困难,果实出现黄、红、白多种颜色相间,商品性大为降低。四是影响花芽分化,如在长时期高温下,番茄、辣椒等蔬菜花量会明显减少,坐果困难,畸形果增加;黄瓜会发生雄花增加、雌花推迟现象。五是易诱发多种病虫害,高温与干旱、强光照相伴,会诱发日灼病、蓟马、粉虱等多种病虫害发生和蔓延,造成明显减产,加剧秋淡。同时,持续高温天气,即使有水可灌溉,仍然会导致多种蔬菜单产明显下降,或者只开花不结果。

此外,高温或高温干旱还会导致灌溉成本攀升、蔬菜脱水和腐烂速度加快、储存和流通困难、秧苗移栽成活率明显降低等次生危害。

3. 烈日的危害

夏秋晴朗无云天气,往往气温高,光照特别强烈。蔬菜在高温烈日下主要表现秧苗瘦弱、植株萎蔫、落花落荚落果加重、植株茎叶枯黄,严重的造成植株茎叶和果实表面灼伤甚至坏死。此期正是结球甘蓝等秋冬蔬菜秧苗的关键时期,高温烈日对柔嫩的秧苗伤害更大,子叶、嫩芽在强光直射下,短时间内就会引起灼伤枯死,造成毁灭性打击。

二、高温干旱造成蔬菜危害的主要原因

(一)干旱对蔬菜生理生化的影响

1. 影响植株正常生长

蔬菜生长是个复杂的生理过程,是细胞扩展生长的结果,在细胞扩展生长中,细胞膨压起着关键作用。细胞一旦缺水,膨压减小甚至消失,细胞扩展生长就会减缓或停止,从而导致蔬菜植株生长停止。

2. 影响光合作用和呼吸作用

干旱胁迫下,会引起蔬菜叶片气孔非正常开放,叶绿素体受到破坏,导致光合作用迅速下降,直至完全停止。研究表明,当叶面缺水达植株正常含水量的 10%~12% 时,光合作用降低;当缺水达 20% 时,光合作用显著被抑制。缺水不仅会使光合能力下降,而且光合产物运输和转化也会受到阻碍,尤其是输往花、果实、种子的营养大为减少。干旱对呼吸作用的影响比较复杂,与蔬菜种类、器官年龄等有关。大多数植物受到严重干旱胁迫时,呼吸强度下降,不抗旱品种比抗旱品种下降更多。

3. 影响物质代谢

随着干旱程度的递升,水分的减少,水解酶类活性升高,而合成酶类活性降低,从而导致蛋白质、淀粉等贮藏物质大量分解,妨碍蔬菜植株生长和物质积累。

4. 促使蔬菜植株各部位间水分重新分配

蔬菜植株遇干旱,其体内各器官组织由于水势大小的不同,会引起蔬菜植株体内水分的重新分配。一般幼叶、生长点、花蕾等幼嫩部位,其细胞浓度较低,吸水能力也较小,因此容易失水而干枯或脱落。

5. 影响内源激素平衡

植株生长发育是其体内不同内源激素平衡调节的结果。在水分亏缺下,生长素、赤霉素、细胞分裂素等促进生长的激素明显减少;脱落酸、乙烯等抑制生产的激素大量增加,其中最明显的是脱落酸(ABA)含量显著增加。随着ABA增多,脯氨酸含量也相应增高。干旱时主要是改变了体内CTK/ABA之间的平衡,降低了其比值,提高了RNA酶活性,改变了质膜的结构与透性,降低了合成代谢物(主要是蛋白质、核酸)活性,从而导致叶绿素分解,叶片衰老和脱落。

6. 增加有毒物质积累

在缺水,特别是在既缺水,又受高温危害的双重影响下,会严重抑制有氧呼吸,并使无氧呼吸产物乙醇、乙醛等持续积累,从而对蔬菜植株产生毒害作用。

(二)高温对蔬菜生理生化的影响

由高温引起植物伤害的现象称为热害。热害的温度一般很难定量,也不是绝对的。不同时期、不同种类、不同品种、不同器官对高温忍耐程度有很大差异,同时,热害的温度又与作用时间密切相关,致伤的高温与暴露的时间呈反比,时间愈短植物忍耐的温度愈高。

1. 影响光合作用

蔬菜光合作用对高温较为敏感,尤其是光系统Ⅱ(PSⅡ)。高温胁迫下,PSⅡ电子传递被抑制,光化学效率降低,剩余大量光能,从而产生大量的活性自由基,损害植物的生长发育。有学者认为植物遭受中度高温胁迫(30~42℃)时,光合作用受抑是可逆的,但在严重高温胁迫(>45℃)下,光合机构会受到永久性伤害,光合作用的抑制是不可逆的。

2. 影响呼吸作用

在高温下,耐热性差异的蔬菜作物,其呼吸作用变化也不相同。耐热强的品种会随着温度的升高,呼吸作用增强,但是当温度持续升高并超过一定的限度时,呼吸速率也会下降;而对于不耐热品种,高温会使植物体内酶的活性降低,其呼吸速率一直下降。同时从高温降到常温,耐热品种也较热敏品种恢复到正常呼吸速率快。

3. 影响蒸腾作用

在一定温度范围内,温度增加,蒸腾作用增强,对蔬菜作物可起到降温的作用。但随着温度的升高和时间的延长,植物会因高度的蒸腾作用缺水而受害,此时,植物会维持较低的蒸腾速率以免失水过多而萎蔫甚至死亡。

4. 影响膜保护酶系统和渗透调节物质

据研究,在高温胁迫下,植物细胞内会产生大量剩余自由基,致膜脂过氧化,细胞膜透性发生改变,电解质外渗,对作物造成伤害。可溶性糖、脯氨酸等是蔬菜作物重要的渗透调节物质,高温抑制渗透物质的合成,并对其造成损伤。

5. 影响内源激素平衡

在高温下,蔬菜作物内源激素的含量、分布及比例等均会发生变化。众多研究表明,ABA 参与蔬菜作物耐逆反应,并在逆境信号转导以及生理生化保护性反应过程中起着重要的作用。有学者研究发现,生长素与细胞分裂素在高温条件下合成水平下降,而乙烯和 ABA 合成水平却有所增加。

(三)烈日强光对蔬菜生理生化的影响

烈日强光总是和高温联系在一起,因此高温对蔬菜生理生化的影响,烈日强光也同样有,且对强光照射到的部位的伤害更为严重。强光在短时间内使植株茎叶、果实等的向光面部位形成高温,对蛋白质、脂类物质等造成不可逆转的严重伤害,即日灼。果实日灼发生初期病健交界不明显,病部褪绿,发生中后期,病部革质,呈白色透明状。烈日高温继续下去,伤害快速加重,直至植株死亡。烈日强光对蔬菜的幼嫩部位的伤害尤为严重,如嫩芽、嫩叶、幼果等。除此以外,光照本身能促进植物的组织和器官的分化,制约着各器官的生长速度和发育比例。在光饱和点以下,随着光照强度的增加,蔬菜光合作用也随之增加,光合积累增加。同时,在强光下,植株茎的生长受到抑制,但干重增加,根茎比提高。当光照强度超过光饱和点后,光合作用不再增加反而会下降,并且伴随高温,呼吸消耗大于光合积累,往往造成蔬菜生长不良,严重时可使植株死亡。

第三节　高温干旱灾害的应对技术

高温干旱天气是随着时间的延长逐步显现的。因此,要加强与气象部门的联系,随时掌握相关信息,并及时通报给各级涉农单位和部门,以及生产主体,做好抗击高温干旱的各项准备工作,如制定抗击高温干旱预案、铺设临时引水管道、准备抗旱物资等。

一、高温干旱灾害前的防范技术措施

1. 加强信息指导服务

随时掌握高温干旱相关信息,尤其是中长期高温和旱情预测预报信息,加强与气象、水利、电力等部门,与上、下级涉农单位和部门,以及与生产主体(农业企业、合作社、家庭农场、种植农户等)联系,形成信息服务机制,确保信息通畅。针对生产实际,制定切实可行的抗击高温干旱预案和应对技术措施,并及时将气象信息、应对技术等通报到生产一线,及时做好抗击高温干旱的各项准备工作。同时,要结合常规生产指导,引导农户种植耐热耐旱蔬菜种类和优良品种,增强自身的抗高温干旱能力,尤其是在易发生干旱的山区、半山区,引导种植耐旱性强的蔬菜种类品种;大力推广新型农作制度,将矮秆、高秆蔬菜和喜阳、喜阴作物进行间作套种,充分利用高秆作物的遮阴作用。如玉米与蚕豆、韭菜间种,桑园、茶园、果园阴处套种生姜等。

2. 加强一线指导服务

要组织农技人员深入生产一线,指导农民抢修灌溉沟渠;安装铺设临时引水管道和喷(滴)灌等节水灌溉设施设备,充分发挥喷(滴)灌设施的作用;备好备足遮阳网、喷滴灌带、水泵等抗旱物资。做好蔬菜地的灌水、中耕松土、植株基部覆草、覆盖遮阳网等增湿、保湿、遮阴、降温工作。指导农户推迟播种育苗和大田定植。

3. 加强科技指导服务

在指导农户应用抗旱性强的优良品种的基础上,重点应用以下抗旱技术:一是抗旱锻炼,采用蹲苗、搁苗、饿苗及双芽法等方法,对蔬菜进行抗旱锻炼。试验证明,经锻炼的苗,根系发达,植株保水力强,叶绿素含量高,以后遇干旱时,代谢比较稳定,尤其表现蛋白氮含量高、干物质积累多。二是在灾害前适当增施磷肥、钾肥,以及微量元素硼和铜,调节植株体内矿质营养比例,显著提高植株抗旱能力。三是喷施一定浓度的矮壮素等生长延缓剂和抗蒸腾剂,能促进气孔关闭,减少蒸腾失水,具有明显提高作物抗旱性的作用。四是在种子播种前进行干旱锻炼时采用 $CaCl_2$、硼酸等化学药物浸种,或叶面喷洒 $ZnSO_4$ 等进行化学诱导蛋白质与 RNA 的生物合成,能提高作物的抗旱性和抗热性。

4. 加强农机作业服务

科学合理调度农机具投入抗旱作业,组织农民和农业生产主体购买水泵、喷滴灌等抗旱设施设备,在干旱期间开通绿色通道,允许先购买使用、后补办申请。准备抗旱作业车、抗修车和备用抗旱设施装备。同时,要备好鲜活农产品调运车辆和冷库,确保高温干旱期间蔬菜供应不脱销、不断档。

二、高温干旱灾害期间的应对技术措施

1. 科学浇(灌)水

浇水是缓解高温干旱灾害最有效的技术措施之一。高温干旱期间,可适当增加浇水次数和每次的浇水量,有条件时可利用喷灌或往叶面喷水,以防叶片脱水。喷水时间宜选在清晨或傍晚,切不能在中午气温高时浇水,水源以采用井水或低温河水为宜。浇灌时要浇匀浇透,保持土壤湿润。在热雷雨之后要及时排水,并浇灌凉水,以防热雨伤害。水资源充足的,可进行沟灌,但切忌大水漫灌;水资源较少的,可采用大水少肥单株冲浇。

2. 浅中耕松土

组织力量,对蔬菜地进行浅中耕除草松土,切断土壤毛管,减少土壤水分蒸发,能起到很好的抗旱效果。

3. 遮阴降温保湿

临时搭架或利用原大棚骨架,在中午前后高温时间进行遮阳网覆盖遮阴降温;在棚膜上喷洒降温剂,不仅能有效避免雨水冲刷问题,降温效果明显,而且透光度好,不影响光合作用。露地蔬菜可在植株表面浮面覆盖遮阳网、稻草等遮阴降温;番茄、辣椒、玉米、菜用大豆等蔬菜结合中耕松土和除草,在植株基部地面及行株间的裸露地面,铺稻草、碎秸秆、杂草等,并压盖少许泥土,以起到降低地温、减少土壤水分蒸发的作用。对裸露在强光下的西(甜)瓜蔬菜果实及柔嫩茎叶,可在其上覆盖些杂草、旧报纸、遮阳网等,以防强光照灼伤果实和茎叶。另外,可利用蔬菜自身茎叶进行遮光防晒,如番茄摘心时,在最上一层果之上留二层叶子,对番茄幼果有较好的遮光防晒作用;在甘蓝结球后期、花椰菜花球生长中后期,可摘取外叶,将其覆在叶球、花球上,可起到较好的防晒降温效果,并有利于提高产品品质和商品性。

4. 喷施生长延缓剂和抗蒸腾剂

高温干旱期间,叶面喷施一定浓度的矮壮素等生长延缓剂和抗蒸腾剂,具有明显提高蔬菜的抗(耐)旱性。尤其是针对前期没有经过抗旱锻炼、磷钾肥使用较少、未曾使用过生长延缓剂和抗蒸腾剂的蔬菜,表现尤为明显。

三、高温干旱灾害后的补救技术措施

1. 全面补施追肥

高温干旱解除后,结合浅中耕和清除杂草,全面追施一次速

效肥,浓度宜淡,促进植株恢复生长。追肥应氮、磷、钾配合施用,苗期以氮肥为主,磷钾肥为辅;结果期以磷、钾肥为主,氮肥为辅。叶片黄、弱时,可叶面喷施 0.1%～0.2%磷酸二氢钾溶液,或喷施宝、爱农、氨基酸等,促进蔬菜生长,防止蔬菜茎、叶早衰。

2. 注意病虫害防治

夏季高温干旱的环境为病菌和害虫的繁殖提供了有利条件,灾害过后,田间湿度增加,温度仍处于高位,在植株长势瘦弱的情况,极易诱发多种病虫暴发和快速蔓延,要及时做好防治工作。对前期失治或防治不彻底,造成基数偏大的病虫害,如番茄脐腐病、大白菜干烧心病、病毒病、红蜘蛛、粉虱等,尤其要抓紧做好补治和防治工作。病虫害防治要认真贯彻“预防为主、综合防治”的植保方针,根据各种蔬菜的病虫害发生规律,以农业防治为基础,因地制宜运用生物、物理、化学等手段,经济、安全、有效地控制病虫为害。具体化学防治药剂及用法用量可参照附录。

3. 加强田间管理

及时清理散落田间的枯枝落叶、死株及其他杂物,摘除老叶、黄叶、病叶和受损严重的枝叶、果实,以利于作物恢复生长,减轻病虫为害。对前期因抗击高温干旱,而疏于管理的田块,尤其要加强管理,促进作物快速恢复生长。

4. 抓紧播种育苗、移栽或及时补播改种

要抓紧组织力量进行播种育苗或大田移栽,尽可能降低播种或移栽时间推迟的损失。高温干旱灾害影响严重或绝收田块,要及时进行改种补播。在改种补播时,要注意合理安排速生蔬菜和非速生蔬菜的种类和比例,避免集中上市,造成阶段性过剩,增产不增收,甚至亏本。可抓紧播种一批青菜、苋菜等速生叶菜,一方面可保证秋淡蔬菜供应,另一方面可在较短时期内采收上市,以增加收入,弥补灾害损失。同时,7—10月正是秋西

（甜）瓜，秋冬甘蓝、秋大豆、秋玉米、秋马铃薯等多种秋冬蔬菜播种育苗和移栽定植旺季，可以根据各自的实际情况选择合适的种类品种进行补播改种。具体可补播、改种的蔬菜种类及栽培技术详见第十一章。

第四章　寒潮与低温冷害对蔬菜生产的影响及应对技术

第一节　冷空气、寒潮与低温冷害的基本概念

一、冷空气、寒潮

冷空气与寒潮是同一事物的两个不同概念。在气象学上,冷空气和暖空气是根据气温水平方向上的差别来定义的,位于低温区的空气被称为冷空气。冬季时,北冰洋地区的气温经常低于-20℃,被称为冷空气的"生产基地"。冷空气密度较大,当其大量堆积后,就会不断收缩下沉,使气压增高,从而逐渐形成冷高压气团。当冷高压到达一定程度时,一旦有气流变化,它就会从高纬度地区向气压相对低的中低纬度地区涌去,这就是冷空气的爆发。每爆发一次,冷空气就会减少一部分,气压也会随之降低。但经过一段时间后,冷空气又会重新聚集堆积,孕育下一次的爆发。

根据冷空气的强弱程度,气象上将其分为五个等级:弱冷空气、中等强度冷空气、较强冷空气和最强冷空气(即寒潮)。我国《冷空气等级》国家标准中规定:某一地区冷空气过境后,气温24小时内下降8℃以上,且最低气温下降到4℃以下;或48小时内气温下降10℃以上,且最低气温下降到4℃以下;或72小时内气温连续下降12℃以上,并且最低气温在4℃以下,可认为寒潮发生。

寒潮又称寒流,是冬半年影响我国的主要灾害性天气之一。受到寒潮侵袭的地方,常常是风向迅速转变,风速增大,气压突然

上升,温度急剧下降,同时还时常伴有大风和降水(雨、雪),出现霜和冰冻现象。寒潮南下,在我国西北和内蒙古及北方地区常有大风沙天气,淮河以北地区一般表现为少雨、偶尔有降雪,淮河以南地区则降水机会增多。在我国冬季,寒潮一般是每隔3~8天出现一次,但比较强大的寒潮,平均每年有4次左右。宁波市遭寒潮侵袭大多发生在10月到翌年4月。

二、低温冷害

低温冷害简称冷害,是影响我国农业生产的主要灾害之一,指农作物在生育期间,遭受低于其生长发育所需的环境温度,引起农作物生育期延迟,或使其生殖器官的生理机能受到损害,导致减产的一种自然灾害。低温冷害的地域性和时间性较强,人们一般按其发生的地区和时间(季节、月份)来分类。也有的按发生低温时的天气特征来划分,如低温、寡照、多雨的湿冷型,天气晴朗、有明显降温的晴冷型,持续低温型等三类。另外,在农业气象学中,还根据低温对作物危害的特点及作物受害的症状来划分,即延迟型冷害、障碍型冷害和混合型冷害等三类。从灾害角度一般采用第一种分类法,即主要分为春季低温冷害、秋季低温冷害、东北夏季低温冷害三类。

宁波地区冷害主要集中在早春、晚秋和整个冬季,发生在春季的有低温阴雨和倒春寒,前者指3月下旬到4月底期间,连续4天以上降水≥0.0毫米,且日照时数少于2小时的阴雨过程;后者是指4月5日以后平均气温连续3天或以上≤11℃的天气过程。发生在秋季的指9月中、下旬遇有连续3天平均气温低于20℃的低温天气。

第二节 寒潮与低温冷害期间主要蔬菜种类及所处的生育时期

一、寒潮与低温冷害期间主要蔬菜种类

10月至翌年4月寒潮与低温冷害期间,蔬菜种类主要有:根

菜类的萝卜、胡萝卜等,白菜类的小白菜、大白菜、黄芽菜等,甘蓝类的结球甘蓝、花椰菜、青花菜,芥菜类的雪菜、高菜、包心芥菜、榨菜等,绿叶菜类的秋莴苣、芹菜、菠菜、空心菜、苋菜、茼蒿等,葱蒜类的葱、大蒜、韭菜等,茄果类番茄、茄子、辣椒等,瓜类的西瓜、甜瓜、黄瓜、南瓜、瓠瓜等,豆类的长豇豆、四季豆、菜用大豆、蚕豆、豌豆等,薯芋类的马铃薯、芋艿等,水生蔬菜的茭白、莲藕等,多年生蔬菜的芦笋、草莓等。

二、寒潮与低温冷害期间主要蔬菜所处的生育时期

1. 根菜类蔬菜

(1)萝卜。冬萝卜一般10月至12月处于肉质根膨大和采收期;春萝卜10月播种,后处于苗期和大田生长期,翌年的2月至3月采收;夏秋萝卜一般10月处于采收末期。

2. 白菜类蔬菜

(1)白菜。夏白菜10月处于采收期。秋冬白菜10月上、中旬仍可播种,10月至11月处于大田生长旺盛期,11月后可分期分批采收,其中腌白菜一般11月下旬至12月上旬采收。春白菜10月上旬至11月中旬播种育苗,11月下旬至12月中旬移栽定植,后处于大田生长期,3月上旬至下旬采收;晚春白菜3月中下旬直播,育苗移栽的可提早到3月上旬播种,4月至5月(播种后30~50天)处于苗期或采收小菜上市。

(2)大白菜。秋冬大白菜10月为莲座期和结球期,11月至翌年1月为采收期。春大白菜3月中下旬直播,育苗移栽的可提高到3月上旬播种,4月处于苗期。夏大白菜10月处于采收期,一般为播后50天左右,叶球紧实后及时采收。

3. 甘蓝类蔬菜

(1)结球甘蓝。春甘蓝10月中下旬播种,11月下旬至翌年1月下旬定植,4月开始成熟采收。夏甘蓝4月为播种期。秋冬甘蓝10月中旬至2月上旬为大田生长和成熟采收期。

(2)花椰菜。春季栽培花椰菜11月下旬至12月上旬播种,2

月中旬定植,3 月至 4 月为花球生长期。夏季栽培花椰菜 10 月上旬处于采收期。秋季栽培花椰菜 10 月处于莲座期和花球生长期,11 月至 12 月成熟采收。冬季栽培花椰菜 10 月为莲座期,11 月至 12 月为花球生长期,12 月至翌年 2 月为采收期。

(3)青花菜。早熟品种 10 月上中旬为花球生长期,10 月下旬至 11 月上旬为采收期。中熟品种 10 月下旬处于长坯莲座期,10 月下旬至 11 月中旬为花球生长期,11 月中旬至 12 月中旬为采收期。晚熟品种 10 月处于定植期,10 月下旬至 12 月上旬为长坯莲座期,12 月中旬至翌年 1 月下旬为花球生长期,1 月下旬至 2 月底为采收期。

4. 芥菜类蔬菜

(1)雪菜。春雪菜 9 月底 10 月初播种,11 月上中旬移栽,3 月下旬至 4 月上中旬收获。冬雪菜 9 月下旬定植,10 月份为大田生长期,11—12 月采收。

(2)包心芥菜。包心芥菜 10 上旬至中旬为大田旺盛生长期和叶球包心期,10 下旬为采收期。

(3)榨菜。春榨菜 9 月底 10 月初处于播种期,10 月为苗期,11 月上中旬移栽,1 月中旬至 2 月初为瘤茎膨大期,3 月底至 4 月上旬为采收期。冬榨菜 9 月上旬播种,9 月底前处于苗期和移栽定植期,11 月为瘤茎膨大期,12 月为冬榨菜采收期。

5. 绿叶菜类蔬菜

(1)莴苣。秋莴苣 10 月为大田生长和肉质茎膨大期,10 月下旬至 11 月中旬为采收期。春莴苣 10 月中旬播种育苗,后处于苗期,11 月中下旬移栽大棚,后处于大田生长期,2 月中旬前后肉质茎膨大,3 月为成熟采收期。

(2)芹菜。大棚夏秋栽培芹菜根据定植时间不同,10 月至 11 月上旬为采收期。大棚冬季栽培芹菜 10 月处于秧苗期,11 月中下旬开始为收获期。春栽芹菜 2 月上旬开始可分期分批播种,后处于苗期,3 月下旬前后开始可根据市场需求采收上市。

（3）菠菜。秋菠菜10月上旬开始采收。春菠菜2月播种,3月处于苗期,4月上旬开始可陆续删大株上市。

（4）空心菜。秋空心菜10月采收结束。春空心菜4月上旬播种。

（5）苋菜。春栽苋菜3月上旬播种,3月下旬至4月处于苗期。秋栽苋菜10月为采收期。

（6）秋茼蒿。秋茼蒿10月为侧枝旺盛生长和采收期,大棚栽培的,可一直延续至第二年3月。春茼蒿一般2月播种,3月中旬前后可删大苗上市,4月至5月上旬为采收期。

6. 葱蒜类蔬菜

（1）葱。8—9月播种的小葱,10—11月处于大田生长期和采收期。四季小葱10—11月仍可分期分批播种育苗,翌年1月下旬至3月处于大田生长期和采收期。

（2）大蒜。宁波本地的大蒜一般都作青蒜栽培,10月开始处于大田生长期,12月下旬至翌年3月为青蒜收获期。

7. 茄果类蔬菜

（1）番茄。大棚早熟、特早熟栽培番茄9月下旬至12月播种育苗,11月上旬至翌年2月上中旬定植,3月开始采收。露地番茄12月下旬播种育苗,1—3月为育苗期,4月中下旬定植。秋季栽培番茄10月处于开花结果期,11月开始采收。

（2）茄子。大棚茄子冬春季早熟、特早熟栽培的10月至11月上旬处于播种育苗期,11月上旬至翌年2月中下旬为定植期,2至4月处于开花结果期和成熟采收期。早春露地栽培茄子11月上旬至12月播种,3下旬至4月上旬为定植期。秋季栽培茄子10月至11月处于开花结果期和成熟采收期。

（3）辣椒。大棚辣（甜）椒10月至11月上旬处于播种育苗期,2月至3月上中旬为定植期,4月为开花结果期。露地辣椒12月中下旬至翌年1月播种,1—3月为苗期,4月为定植期。

8. 瓜类蔬菜

（1）西瓜。冬春大棚早熟、特早熟栽培西瓜 12 月至翌年 2 月为播种育苗期，1 月下旬至 3 月为移栽定植期，3 月中下旬为开花坐果期，4 月底 5 月初开始采收。露地西瓜一般 3 月下旬为播种育苗期，4 月中下旬为定植期。

（2）甜瓜。早熟、特早熟设施栽培甜瓜 12 月至翌年 2 月为播种育苗期，苗龄 35~40 天，后为移栽定植期，4 月中下旬开始成熟采收。秋栽设施甜瓜 10—11 月处于成熟采收期。

（3）黄瓜。春大棚黄瓜 12 月下旬至翌年 1 月上旬播种育苗，2 月中旬前后开始移栽，4 月下旬至 5 月上中旬收获。春栽露地黄瓜 3 月中下旬育苗移栽或 4 月中旬大田直播。秋栽黄瓜 10 月处于开花结果期和成熟采收期。

（4）南瓜。南瓜 10 月为成熟采收期。

9. 豆类蔬菜

（1）长豇豆。春栽长豇豆 3—4 月处于播种育苗期，3 月下旬至 4 月上旬这移栽定植期。秋长豇豆 10 月为采收后期。

（2）菜豆。春播菜豆 2 月下旬至 3 月中旬播种，3—4 月处于苗期。

（3）菜用大豆。大棚加小拱棚多层覆盖栽培的，2 月上旬播种育苗，2 月下旬定植，后处于大田生长期，5 月上旬为采收期。小拱棚加地膜覆盖的，2 月下旬至 3 月上旬播种育苗，3 月下旬定植，4 月为大田生长期。地膜栽培的，3 月中下旬播种育苗或直播，4 月为苗期。露地栽培的，3 月下旬至 4 月为播种期。秋栽菜用大豆 10 月处于成熟采收期，一般 10 月底至 11 月上旬采收结束。

（4）豌豆。秋豌豆 10—11 月处于开花结荚和鲜荚成熟采收期。冬豌豆 11 月下旬至 12 月初播种，后处于大田生长期，4 月处于开花结荚期，4 月底 5 月初开始采收。

（5）蚕豆。露地蚕豆一般 10 月中下旬播种，11 月前后出苗，后处于大田生长期，3—4 月处于开花结荚期。大棚蚕豆 10 月为苗期,11 月开始开花结荚,1—3 月处于不断开花结荚和鲜荚成熟采收期。

10. 薯芋类的蔬菜

(1)秋马铃薯。秋马铃薯一般 10 月中旬至 11 月中下旬成熟采收。春马铃薯一般 12 月至翌年 2 月中旬播种,后处于大田生长期,4 月下旬至 5 月中旬成熟采收。

(2)芋艿。露地栽培芋艿一般 2 月至 4 月上旬播种,4 月处于幼苗期,10—11 月为采收期。

11. 水生蔬菜

(1)茭白。春栽双季茭白,3 月底至 4 月初移栽,10 月上旬前采收秋茭,12 月中旬至翌年 1 月底为休眠期,2 月出苗,翌年 4 月底始采夏茭。夏秋栽双季茭白 10 月中旬至 11 上旬采收秋茭,12 月中旬至翌年 1 月底为休眠期,2 月出苗,3—4 月为大田生长和孕茭期。

(2)莲藕。莲藕 10 月开始处于成熟采收期,可根据市场需求,随时采收上市。

12. 多年生蔬菜

草莓。大棚草莓 10 月上、中旬处于花芽分化和花序抽生期,10 月下旬开始开花结果,12 月上中旬果实成熟,至翌年 4 月一直处于开花结果期和成熟采收期。露地草莓 10 月中旬至 11 月上中旬定植,后处于大田生长期,3—4 月处于花序抽生和开花结果期。

第三节　寒潮与低温冷害对蔬菜的危害

寒潮与低温冷害对蔬菜的危害主要是由强降温及其伴随的降水(雨、雪)和大风造成的。强降温常造成蔬菜冷害或冻害;降水过多及连阴雨则造成蔬菜无法正常播种育苗和采收(摘)、烂种烂芽、生长瘦弱、淹水、病害加重等多种危害;大风造成蔬菜作物茎秆折断、植株倒伏,棚架设施揭翻损坏。

一、寒潮与低温对蔬菜危害的主要表现

1. 蔬菜无法正常播种育苗或移栽

晚秋和冬春季节,正值榨菜、雪菜、番茄、西瓜、马铃薯等多种蔬菜播种育苗或移栽季节,也是寒潮频发季节,往往造成蔬菜不能正常播种育苗和移栽,引起季节推迟,或烂种烂芽、僵苗死苗,出苗率低,秧苗素质差。

2. 蔬菜秧苗、植株素质变差

持续低温,往往造成蔬菜正常生长发育受挫,植株瘦弱,生育进程推迟,落花落荚(果)、畸形果增多,产量品质下降,严重的造成秧苗、营养体(茎叶、植株)、花序及果实(花球)冻害,甚至死亡;降水(雪)过多,造成农田淹水,蔬菜瓜果根系生长不良,沤根,甚至植株死亡;大风天气,造成撕裂棚膜,揭翻棚架设施,降雪压塌棚架,加重冷(冻)害。

3. 蔬菜发育异常

寒潮带来的低温,往往会造成如春甘蓝、花椰菜等部分蔬菜过早通过春化,先期抽薹,严重影响产量品质。

4. 蔬菜病害加重

寒潮期间,多阴雨寡照,往往田间郁闭重、湿度大,加重灰霉病、白粉病、菌核病等多种病害发生和蔓延。

二、冷害造成蔬菜危害的机理及原因

冷害的病症有变褐、干枯、表面凹陷和坏死等,但这些病症因植物组织和伤害程度而异,且反应表现迟缓。一般认为冷害是整个代谢过程遭受干扰破坏,趋于紊乱,产生毒物所致。对于受冷害的植株,往往利用组织的透性判断其冷害程度,因为透性大小可以反应细胞膜的结构状况。并且膜系统的损伤是受害的第一步,第二步是由于膜损伤而引起代谢紊乱,导致死亡。脂类是构成膜的主要成分之一,构成脂类的脂肪酸有饱和与不饱和脂肪酸两大类。研究表明,抗寒性强的作物或品种比抗寒性弱的不饱和脂肪酸含量高。不饱和脂肪酸含量增加,膜的液化程度增大,从而使其收缩

性和膨胀性增大,在低温下不易破裂损坏。相反,细胞膜系统的不饱和脂肪酸含量少,膜的液化程度低,伸缩性小。同时在冷害时,膜易从液晶态转变为凝胶态,膜收缩出现裂缝或通道,一方面使透性剧增,另一方面使结合在膜上的酶系统受到破坏,酶活性下降,氧化磷酸化解偶联,而不在膜上的酶却活跃起来,由于结合在膜上的酶系统与在膜外游离的酶系统之间失去固有平衡,破坏原有的协调进程,于是积累一些有毒物质(乙醇、乙醛、丙酮等),时间过长会使植物中毒。

冷害造成蔬菜危害的主要原因包括细胞膜结构破坏、水分代谢失调、光合速率降低、呼吸作用大起大落、有机物分解大于合成等多个方面,综合表现为蔬菜损害。

1. 细胞膜结构破坏,原生质透性增大

低温使细胞膜中的脂类固体化,使膜的流动性降低,膜收缩而出现裂缝或通道,因而使膜的透性增大,电解质会有不同程度的外渗,以至于电导率会有不同程度的增大。据测定,受冷害的菜豆、甘薯和玉米的根释放出的离子,比正常的根释放的离子多得多。目前常常用质膜透性来判断植物受冷程度,抗寒性较强的细胞或受害轻者不仅透性增大的程度较小,并且透性的变化可以逆转,易于恢复正常,抗寒性弱的细胞,不仅透性大为增加,并且不可逆转,不能恢复正常,以至造成伤害甚至死亡。此外,对冷害敏感植物(番茄、西瓜、甜瓜、玉米等)的叶柄表皮,在10℃下1~2分钟后原生质流动很缓或完全停止;而对冷害不敏感的植物(马铃薯、甜菜、胡萝卜、甘蓝等),在0℃仍有原生质流动。

2. 水分代谢失调

植物经过零上低温危害后,吸水能力和蒸腾速率都比对照显著下降。从水分平衡来看,对照的吸水大于蒸腾,体内水分积存较多,生长正常;而受害的植株,根部活力被破坏较大,根压微弱,可是蒸腾仍保持一定速率,蒸腾显著大于吸水,使体内水分平衡遭到破坏,造成生理干旱,因而出现芽枯、顶枯、茎枯和落叶等现象。抗寒性强的品种,失水较少;抗寒性弱的品种,失水较多。

3. 光合速率降低

低温影响叶绿素的生物合成和光合速率,如果加上光照不足(寒潮来临时往往带来阴雨),影响更是严重。有试验证明,随着低温天数的增加,秧苗叶绿素含量逐渐降低,不耐寒品种更是明显。叶绿素被破坏,低温又影响酶的活性,因而光合速率下降。冷害时间越长,光合速率下降幅度越大,耐寒品种比较好一些。

4. 呼吸作用大起大落

受低温的影响,许多材料(例如黄瓜植株、甘薯块根、番茄和南瓜等果实)在冷害初期,呼吸速率就升高;随着低温的加剧或者时间延长,至病症出现的时候,呼吸速率更高。有试验表明,零上低温对黄瓜幼苗线粒体呼吸的影响,与对照相比,处理第一天呼吸速率有微弱增加,第二天提高一些,第三天上升更多,出现明显冷害症状。以后呼吸速率又迅速下降,同时无氧呼吸比例增大,造成一些有毒物质(乙醇、乙醛等)的积累。

5. 有机物分解占优势

秧苗受冷害以后,分解蛋白质的酶活性显著增加,蛋白质分解大于合成。随零上低温天数的延长,蛋白氮逐渐减少,可溶性氮逐渐增多,游离氨基酸的数量和种类都增加。Wilding 等研究了苜蓿游离氨基酸与抗寒性的关系,发现抗寒品种的根部从 8 月到 12 月期间游离氨基酸增加 21%,而可溶性氮增加 31%,不抗寒品种的含氮化合物无显著变化。秧苗的淀粉含量在低温初期略有降低,可溶性糖的含量则增加,以适应低温环境。

第四节 寒潮与低温冷害的应对技术

随时掌握寒潮信息,及时将降温幅度、影响范围、持续时间、是否伴有大风和降水等有关情况通报各县(市、区)、镇(乡、街道)农技部门和种植农户。并根据寒潮来袭时农作物所处的生育时期,有针对性地做好抓紧收获、防寒保温、加固棚室、清沟排水、补播改种、病害防治等各项工作。

一、寒潮和低温冷害前的防范技术措施

1. 做好防寒保温和抗灾救灾物资准备

及早准备棚膜、草帘和无纺布、电加温线、白炽灯等增温保温补光材料,寒潮来临前露地蔬菜浮面覆盖稻草、遮阳网等保温材料。抓紧疏通沟渠、夯实加固堤埂,确保排水通畅,并降低地下水位。加固棚架设施,密闭大棚,减轻大风影响,以避免、减轻对蔬菜造成间接伤害。准备抗灾种子、化肥、农药等抗灾救灾物资。

2. 抓紧采收

寒潮来袭前,抓紧采收一批成熟蔬菜上市或进仓暂贮存,如番茄、茄子、青菜、花椰菜、绿花菜、秋西(甜)瓜等,以减少寒潮或低温冷害的灾害损失。

3. 推迟播种育苗或移栽

根据不同作物类型和品种特性,适当推迟蔬菜播种育苗或移栽定植时间,尽可能降低寒潮或低温的影响,待寒潮或低温过后,抢"冷尾暖头"抓紧播种或移栽。

4. 增加植株抗冷害能力

一是低温锻炼,预先给予植株适当的低温锻炼,如番茄苗移出温室前经过 1~2 天 10℃ 处理,栽后即可抵抗 5℃ 左右低温;黄瓜苗经 10℃ 锻炼即可抗 3~5℃ 低温。二是化学诱导,喷施化学药物诱导植物提高抗冷性,如瓜类叶面喷施 $KCl+NH_4NO_3+H_2BO_4$、细胞分裂素、脱落酸等激素。三是调节氮磷钾的比例,增施磷钾肥能明显地提高植物抗冷害能力。

二、寒潮和低温冷害期间应急技术措施

1. 保温增温

大棚作物采用大棚膜、中棚膜、小拱棚膜等多层覆盖方式,寒潮期间放下围裙、密闭棚门保温。温度过低时在小拱棚或中棚外加盖草帘、无纺布等保温材料,必要时在大棚内临时打开白炽灯、

燃蜡烛、通热气管道等进行增温。育苗棚内苗床铺设电加热线,并接通电源进行增温育苗。露地蔬菜在植株基部覆盖稻草、杂草等,植株上方浮面覆盖稻草、遮阳网等保温材料。花椰菜、青花菜等可折外叶覆盖在花球上,能起到较好的减灾作用。马铃薯等作物可在叶面撒施草木灰等减轻霜冻影响。

2. 加固棚室

寒潮期间,风雨或降雪较大,对大棚设施有较大影响时,要及时采用增加棚内支撑杆、拉紧压膜绳(带)等措施进行加固,避免大棚揭翻、大雪压塌大棚。

3. 排水除雪

若降雨(雪)较大、持续时间较长,要及时疏通田间沟渠,确保排水通畅,严防田间积水、明涝暗渍,加重灾害损失。大棚上积雪过多时,及时进行清除。要注意不将大棚上耙下积雪直接堆放在大棚膜外侧,以免融雪时吸收大棚内热量,加重灾害影响。同时,要注意积雪不堵塞沟渠。

4. 抢收减损

对损失不大、尚有利用价值的蔬菜瓜果,或可能造成损失的蔬菜瓜果,要抓紧采收上市或进仓库贮存,以减少灾害损失。

三、寒潮和低温冷害后补救技术措施

1. 抓紧抢收

灾害过后,要抓紧抢收一批尚有利用价值的蔬菜瓜果作物,如青菜、青花菜、松花菜、萝卜、大蒜、草莓、番茄等,抓紧上市销售,以减少经济损失。

2. 抓紧清理沟渠

风雨、降雪和冰冻过后,往往会造成田埂坍塌、沟渠堵塞,要抓紧做好清理工作,及时排除田间积水,降低地下水位。

3. 抓紧播种或移栽

寒潮过后,根据蔬菜播种或移栽季节,抢"冷尾暖头"抓紧进行播种育苗或大田移栽。

4. 抓紧修复棚架设施

及时清理、修复因灾害影响已倾斜或倒塌的大（中）棚、小拱棚设施，修补、覆盖被撕裂或揭翻的棚膜。

5. 抓紧田间管理

一是及时揭除遮阳网、无纺布、稻草等覆盖材料，增加光照。二是全面追施一次薄肥，以氮肥为主，促进植株尽快恢复生长。喷施磷酸二氢钾、动力 2003、氨基酸等叶面肥，对植株恢复生长效果更好。三是及时防治病虫害，重点做好灰霉病、白粉病、烟粉虱等的防治工作。四是抓紧清洁田园，做好清除杂草、疏花疏果、整枝摘叶打顶等日常管理工作，增加通风透光，减轻病害虫害的发生和蔓延。

6. 抓紧补播改种适种作物

对因灾害错过播种或移栽季节，时间较长，或受灾严重，甚至绝收田块，要及时进行补播或改种其他作物。补播改种蔬菜的栽培技术详见本书第十一章。

第五章 雨雪冰冻灾害对蔬菜生产的影响及应对技术

第一节 概 述

雨雪冰冻是指在冬季或早春受北方强寒冷气流及其他不利条件的共同影响下,较大范围的降雨降雪(积雪达 10 厘米以上,平均气温在 0℃以下)出现雨凇,冰凌或结冰,造成蔬菜重大损失的一种灾害性天气现象。宁波市雨雪冰冻主要发生在蔬菜越冬期间,一般发生在 12 月至翌年 3 月。

根据雨雪冰冻灾害的灾害范围和影响程度,可将雨雪冰冻进行分级,各地在分级具体标准上,因地区的差异不尽相同。宁波市在参照国家和各地相关资料基础上,将雨雪冰冻分为四级:特别重大雨雪冰冻灾害(Ⅰ级)、重大雨雪冰冻灾害(Ⅱ级)、较大雨雪冰冻灾害(Ⅲ级)和一般雨雪冰冻灾害(Ⅳ级)。

1. 特别重大雨雪冰冻灾害(Ⅰ级)

监测或预报全市大范围积雪在 30 厘米以上,或持续 3 天以上积雪深度超过 20 厘米;或者监测或预报全市大范围持续 3 天以上有明显的降雨雪,且日平均温度在 0℃以下,出现雨凇,冰凌直径在 20 毫米以上或道路结冰厚度在 3 厘米以上;或者监测或预报全市大范围日最低气温在-10℃以下。

2. 重大雨雪冰冻灾害(Ⅱ级)

监测或预报全市大范围积雪在 20 厘米以上,或者监测或预报全市大范围有明显的降雨雪,且持续 3 天以上日平均温度在 0℃

以下,出现雨淞、冰凌直径在 10 毫米以上或道路结冰厚度在 2 厘米以上;或者监测或预报全市大范围持续 2 天以上日最低气温在 −8℃以下。

3. 较大雨雪冰冻灾害(Ⅲ级)

监测或预报全市大范围持续 2 天以上积雪深度超过 10 厘米,或者监测或预报全市大范围有明显的降雨雪,且日平均温度在 0℃以下,出现雨淞、冰凌直径在 5 毫米以上或道路结冰厚度在 1 厘米以上。

4. 一般雨雪冰冻灾害(Ⅳ级)

监测或预报积雪深度在 10 厘米以上;或预报明显的降雨雪,且日平均温度在 0℃以下,出现雨淞、冰凌或道路结冰。

2008 年 1 月 10 日至 2 月 2 日,我国南方地区接连出现四次严重的低温雨雪天气过程,致使我国南方近 20 个省(区、市)的遭受历史罕见的冰冻灾害。灾害的突然出现,使得交通运输、能源供应、电力传输、农业及人民群众生活等方面受到极为严重的影响。此次灾难最终导致一亿多人口受灾,直接经济损失达 540 多亿元。

导致这次低温雨雪冰冻灾害的直接原因是欧亚地区大气环流异常,太平洋上强烈发展的拉尼娜事件则是引起大范围环流异常和低温雨雪冰冻的"幕后黑手"。

一是中高纬度欧亚地区大气环流异常发展,偏北风势力增强,冷空气南下活动频繁,为我国自北向南出现大范围低温、雨雪、冻害天气建立了良好的冷空气活动条件。

二是西太平洋副热带高压位置异常偏北,向我国输送了大量暖湿空气,为雨雪天气的出现提供了丰沛的水汽来源。配合中高纬度冷空气活动频繁,冷暖空气交汇作用加剧,其主要交汇地区位于长江中下游及其以南,导致这一地区集中出现了低温雨雪冰冻等灾害性天气。

三是青藏高原南缘的印缅低槽系统稳定活跃,进一步增强了暖湿气流向我国的输送,为我国长江中下游及其以南地区的强降雪天气提供了更加充足的水汽来源。

四是南方地区大气低层逆温层的不断加强并长时间维持在长江中下游及其以南地区,造成了严重的冻雨灾害。

五是太平洋上迅速发展的拉尼娜现象是导致环流异常和低温雨雪冰冻的重要原因。

第二节 雨雪冰冻期间主要蔬菜作物种类 及所处生育时期

宁波市的雨雪冰冻灾害主要发生在12月至翌年3月,这一期间的蔬菜种类及所处的生育时期详见第四章第二节。

第三节 冻害对蔬菜生产的危害

雨雪冰冻灾害是寒潮灾害的一种极端形式。对蔬菜危害除了包含由寒潮和低温引起的冷害外,还包括由0℃以下的低温引起植物的伤害,即冻害。同时,大雪、冻雨等还会对蔬菜生产设施造成损毁。

一、雨雪冰冻灾害对蔬菜生产的危害

1. 棚架设施和蔬菜受损

大风大雪、持续时间长,积雪过大,极易压塌棚架设施,造成棚架设施及棚内蔬菜双重损失。

2. 蔬菜冻害

雨雪冰冻严重影响冬季蔬菜正常发育,造成植株瘦弱,生育进程推迟,落花落荚(果)严重,畸形果增多,产量品质下降。极易造成蔬菜发育异常,春结球甘蓝、花椰菜、青花菜等在苗期过早通过春化,先期抽薹,严重影响产量。严重的会引起蔬菜秧苗、营养体(茎叶、植株)、花序及果实(花球)严重受冻,甚至造成大面积冻死。

3. 蔬菜生产受阻

灾害天气延缓蔬菜播种育苗、移栽等生产管理,影响正常的蔬菜生产。融雪时带走大量热量,加重冻害发生;融雪后往往田间积水较多,易造成明涝暗渍,作物根系生长不良,沤根,甚至植株死亡。同时,田间湿度增加大,加重灰霉病、白粉病、菌核病等多种病害发生和蔓延。

二、冻害造成蔬菜危害的主要原因

1. 结冰伤害

冻害对植物的影响,主要是由于结冰而引起的,结冰伤害的类型有两种。

(1)细胞间结冰伤害。通常温度慢慢下降的时候,细胞间隙中的细胞壁附近的水分结成冰,即胞间结冰。胞间结冰会减少细胞间隙的蒸气压,周围细胞的水蒸气便向细胞间隙的冰晶体凝聚,逐渐加大水晶体的体积。失水的细胞又从周围的细胞内吸取水分,这样,不仅邻近间隙的细胞失水,使离冰晶体较远的细胞也都失水。细胞间结冰伤害的主要原因:一是原生质过度脱水,破坏蛋白质分子,原生质凝固变性;二是冰晶膨大对细胞所造成的机械压力,细胞变形;三是当温度骤然回升冰晶融化时,细胞壁易恢复原状,而原生质尚来不及吸水膨胀,原生质有可能被撕裂损伤。胞间结冰不一定造成植物死亡,大多数经抗寒锻炼的植物或者说一般越冬植物都能忍耐胞间结冰。例如,冬季白菜、葱等虽然冻得像玻璃一样透明,但在宁波市仍可安全度过,解冻后仍能正常生长。

(2)细胞内结冰伤害。当温度迅速下降时,除了在细胞间隙结冰以外,细胞内的水分也结冰,一般是先在原生质内结冰,后在液泡内结冰。细胞内结冰伤害的原因主要是机械损害,原生质体内形成的冰晶体体积比蛋白质等分子体积大得多,冰晶体就会破坏生物膜、细胞器和衬质的结构。原生质体具有高度结构,生命活动都是有秩序地进行,胞内冰晶体破坏原生质结构,就使亚细胞结构的隔离被破坏,组织分离,酶活动无秩序,影响代谢。据观察,结冰和解冻后,DNA、蛋白质降解,细胞质黏性降低。细胞内结冰对细胞的伤害较严重,一般在显微镜下看到胞内结冰的细胞,大多数是受伤甚至死亡。

2. 细胞膜损伤

细胞膜损伤的主要表现:一是胞内结冰后细胞膜失去了选择透性或透性增加。二是膜脂相变使得一部分与膜结合的酶游离而失去了活性。有实验发现,结冰温度主要是促使了组成膜的脂类与蛋白质结构变化,使膜失去半流动的镶嵌状态,甚至使膜出现大的裂缝,从而破坏膜与酶的结合,失去对溶质的控制能力。

第四节　雨雪冰冻灾害的应对技术

随时掌握雨雪冰冻天气信息,及时将灾害等级、影响范围、持续时间等相关情况通报各县(市、区)、乡镇(街道)农技部门及种植农户。并根据雨雪冰冻来袭时农作物所处的生育时期,除做好防御寒潮与低温冷害所采取的技术措施外,要根据历年来常发生冰冻雨雪灾害天气情况,要着重做好保温防冻、抢收、棚室加固、积雪清除、补播改种等相关工作。

一、雨雪冰冻灾害前防范技术措施

1. 准备抗灾救灾物资

及早准备多层覆盖棚膜、遮阳网、无纺布、草帘等保温材料,以及电加温线、白炽灯、蜡烛、木炭、燃油炉等加温设施;准备种子、肥料、农药等补救物资。

2. 强化综合农艺防冻措施

选用抗逆性(耐寒、耐湿、耐弱光)强的品种;正确确定播种期和定植期,不可盲目提早播种或移栽;对秧苗提早进行大温差管理、低温抗冻锻炼,提高秧苗抗逆性;合理追肥,增施有机肥、菌肥和磷钾肥,叶面喷施磷酸二氢钾、芸苔素、动力 2003 等叶面肥;喷施细胞分裂素等一些天然激素、生长延缓剂控制植株生长,提高抗冻能力。疏通并加深棚室外排水沟,降低地下水位和棚内湿度。在冻害来临前,及时加固棚室,修补破损农膜,密闭大棚,采取多层覆盖保温,并在行间走道铺盖玉米秸秆、谷壳、锯末等,能起到很好的保温降湿作用;露地蔬菜在植株基部培土、覆盖稻草等,浮面覆盖稻草、遮阳网等保温材料;降温前选择晴朗天气在田间浇防冻水。

3. 抓紧抢收蔬菜

抓紧采收成熟蔬菜瓜果上市或进仓暂贮存,如青菜、大白菜、结球甘蓝、花椰菜、绿花菜等,番茄等可适当提早采摘,进仓库后熟后上市,以减少冻害损失。

二、雨雪冰冻灾害期间应急技术措施

灾害期间,在抓好与应对寒潮与低温冷害相类似的技术措施的基础上,需重点落实好增温防冻、加固棚室和清除积雪等措施。

1. 落实保温增温防冻措施

育苗棚内苗床铺设电加热线,并接通电源进行增温育苗;采用大棚膜+内棚膜+小拱棚膜,加盖草帘、无纺布等多层覆盖方式保温,如果仅靠多层覆盖仍然不能满足温度条件时,可在棚内临时增设电加温线、点白炽灯、燃煤球炉、通热水管导等多种措施增温,尤其要落实好夜间的增温措施。露地蔬菜在植株基部加厚覆土和覆盖稻草、杂草等,浮面加盖稻草、遮阳网、撒草木灰等能起到一定防冻保暖作用。

2. 加固棚室,清除积雪

要根据降雪情况,及时加固棚架设施,尤其一些破旧钢大棚和简易毛竹大棚,要临时增加支撑加固,安排人员清除棚上积雪,避免大雪压塌棚架。如果积雪超过大棚的负荷时,及时割破棚膜保大棚骨架,以避免大棚和棚内作物双重受损。同时,要注意清除下来的积雪,不紧靠大棚堆放,以免融雪时吸收大棚内热量,加重作物冻害;也不要堆放在排水沟位置,以免堵塞沟渠,造成田间积水、明涝暗渍。

三、雨雪冰冻灾害后补救技术措施

雨雪冰冻灾害后,蔬菜受灾普遍,在抓好与应对寒潮与低温冷害相类似的技术措施的基础上,重点是实施分类指导,有针对性开始灾后补救工作。

1. 轻度受灾的补救措施

受灾程度较轻,植株基本完好,仅发生零星黄斑,可采取以下措施。

(1)喷施叶面肥。叶面喷肥对发生轻度冻害植株有很好的恢复作用,可叶面喷米醋 300 倍+葡萄糖粉 150 倍+甲壳素 500 倍液,喷施 0.2% 磷酸二氢钾液或芸苔素、植物动力 2003、卢博士等叶面肥,补充营养,提高抗寒性,促进植株快速恢复生长;还可喷施植物抗寒保护剂增强植株抗逆性。注意叶面喷施尽可能用温水,不要使用生长素类激素,以防降低抗寒性。

(2)及时通风换气。天气转晴后,及时揭除大棚内的覆盖物,在大棚背风处通风换气。阴雨天气也要及时揭开大棚内的不透明覆盖物,并在中午前后通风换气,排除棚内有害气体,降低棚内湿度。

(3)防止"闪苗"萎蔫。通风换气时要逐渐加大通风量,防止植株突然见光、失水过快,出现萎蔫现象,如发现萎蔫,应立即用遮阳网、无纺布等覆盖,适当喷水,恢复后再揭开,反复揭盖,2~3 天后即可转入正常管理。

(4)加强病虫害防治。低温、高湿、弱光条件极易引发灰霉病、疫病等低温病害,田间管理上注意降低棚内湿度,及时采用百菌清或腐霉利烟雾剂防治,尽量不采用水剂、乳剂进行防治。

2. 中度受灾的补救措施

蔬菜植株部分叶片萎蔫干枯,或叶缘干黄,大部分叶片及生长点完好,心叶能很快长出,为中度受害,可采取如下措施。

(1)缓慢见光。灾害过后,受冻蔬菜不宜马上接受晴天直射光照,可用遮阳网、无纺布或报纸等覆盖在棚室内的小拱棚薄膜上,也可直接浮面覆盖在受冻的蔬菜上,使受冻蔬菜缓慢解冻,恢复生长。

(2)缓慢升温。天晴后,不可采用急剧升温的措施来解冻,除遮光外,还可采取适量放风等措施,使棚温缓慢上升。

(3)施药防病。蔬菜受冻以后, 生长势衰弱,易发生灰霉病等病害。可在蔬菜恢复生长后,剪除冻死部分,打掉病、黄、老叶,避免受冻组织霉变而诱发病害,并用腐霉利等烟剂烟熏防病。

(4)加强管理。受冻蔬菜恢复生长后,要努力创造适宜蔬菜生长的光、温、水、气、肥条件,使植株尽快恢复生长。通风换气时特别注意避免发生"闪苗";苗床内或棚间走道撒草木灰或生石灰, 减少土壤湿度;多中耕培土,疏松土壤;清洁田园,清除受冻部分;同时薄施肥料,少施氮肥,多施磷钾肥,适当喷施叶面肥,如磷酸二氢钾、米醋、红糖、甲壳素复配,或其他防冻剂来提高植株抗寒性,并用植物动力 2003 等根外追肥,以增强植株抗性,促进作物尽快恢复生长。

3. 重度受灾的补救措施

针对冻害严重,蔬菜全株萎蔫枯死,或生长点受严重冻害,失水萎蔫下垂,形成秃尖的蔬菜,最好是放弃管理,尽快准备育苗补栽,特别是受灾面积较大时应迅速清棚,考虑抢播一茬小白菜、油麦菜等速生蔬菜。在补播改种时,要注意合理安排速生蔬菜与非速生蔬菜的种类及比例,避免下一茬蔬菜集中上市,造成阶段性过剩,增产不增收。具体补播改种蔬菜种类、品种要根据受灾时间、设施条件、管理水平、销售市场等综合考虑,如在 1 月上旬遭遇雨雪冰冻灾害,除抢播一批速生叶菜外,重点考虑 1 月当季可播种育苗的黄瓜、瓠瓜、西瓜、甜瓜、苦瓜、马铃薯、结球生菜等作物,也可考虑在 2 月播种育苗的黄瓜、瓠瓜、西瓜、甜瓜、西葫芦、春大白菜、春芹菜、春青花菜、茎用莴苣、马铃薯、特早熟菜豆、特早熟菜用大豆等。具体补播改种蔬菜配套技术详见第十一章。

第六章　倒春寒对蔬菜生产的影响及应对技术

第一节　概　述

　　倒春寒是指初春(一般指 3 月)气温回升较快,而在春季后期(一般指 4 月)气温较正常年份偏低的天气现象。长期阴雨天气或频繁的冷空气侵袭,或持续冷高压控制下晴朗夜晚的强辐射冷却易造成倒春寒。一般来说,当旬平均气温比常年偏低 2℃以上,就会出现较为严重的倒春寒。而冷空气南下越晚、越强、降温范围越广,出现倒春寒的可能性就越大。

　　倒春寒是一种常见的天气现象,不仅中国存在,日本、朝鲜、印度及美国等都有发生,其形成原因并不复杂。中国春季(3 月前后)正是由冬季风转变为夏季风的过渡时期,其间常有从西北地区来的间歇性冷空气侵袭,冷空气南下与南方暖湿空气相持,形成持续性低温阴雨天气,即倒春寒天气。

　　浙江省倒春寒标准:4 月 5 日(清明)以后,出现连续 3 天以上日平均气温≤11℃的天气。倒春寒天气不利蔬菜生长发育,如果降温伴随着阴雨,则危害更大。倒春寒是春季危害农作物生长发育的灾害性天气之一。

第二节　倒春寒期间主要蔬菜种类及所处的生育时期

　　宁波地区倒春寒发生的时间段为 4 月,该期间主要蔬菜种类及所处的生育时期可参见第四章第二节。

第三节　倒春寒对蔬菜生产的危害

倒春寒是发生在4月份的寒潮所表现的一种极端形式。倒春寒对蔬菜生产的危害,主要是由蔬菜在较高的温度下骤然遇到低温和阴雨引起的,但其危害程度往往重于其他时期。倒春寒对蔬菜的危害程度,一般为大棚蔬菜受害重,中小棚次之,露地蔬菜相对较轻;喜温蔬菜往往受害重,果菜类比叶菜类受害重,成株比幼苗受害重,开花结果期受害最重。

一、倒春寒对棚室蔬菜危害

倒春寒对棚室蔬菜的危害,常见症状有干叶、黄化、萎蔫、畸形花果、落花落果、早花或早抽薹等。棚室蔬菜因生育期的不同,有不同表现。

1. 幼苗期

正处于缓苗期或发棵期的棚室蔬菜,如遇到寒流,地上部叶片会首先受害。受害幼苗子叶"镶白边",边缘失绿,受害真叶叶片边缘呈暗绿色,并渐渐干枯。幼苗生长点受害严重,往往造成因顶芽受寒而不发新叶,从而大大延长了缓苗期,受害严重的植株在天气转暖后如不能恢复,则须另行补苗。尤其是栽植较靠棚膜边沿的幼苗常发生生长点受害的情况。

2. 成株期

正处于成株期的棚室蔬菜,如遇到寒流,常表现叶片边缘干枯,植株萎蔫,细嫩叶片失绿黄化等症状。严重时生长点干枯,地下部根系不发新根。

3. 开花结果期

正处于开花结果期的棚室蔬菜,如番茄、辣椒、西瓜等,如遇到寒流,常会使所开花的花粉活性受到影响,从而影响授粉、受精,导致落花落果。花期突遇低温还常导致花芽分化不良,致使后续所开的花或所结的果成为畸形花或畸形果,或影响蔬菜正常生长发育,造成植株瘦弱,生育进程推迟,落花落荚(果),畸形果增多,产量品质下降,瓜类甚至会出现"花打顶"现象。

二、倒春寒对露地蔬菜的危害

倒春寒对露地蔬菜的影响往往要小于棚室蔬菜,因为倒春寒来临时,大部分露地蔬菜还没有移栽大田,还未处于成株期与开花结果期。倒春寒对露地蔬菜的危害主要表现是:

(1)光照不足、地温偏低,导致露地蔬菜出苗慢、长势弱,猝倒病较重,移栽期推迟,缓苗期延长,秧苗素质下降。同时,持续低温常常会出现凝冻,使大部分露地耐寒和半耐寒蔬菜幼苗冻伤或冻死。

(2)降水过多造成农田淹水,蔬菜根系生长不良,沤根,甚至植株死亡。

(3)田间湿度大,灰霉病、白粉病、菌核病等多种病害加重,快速蔓延扩散。

总之,受倒春寒影响,不论是棚室蔬菜或露地蔬菜生长发育都会缓慢甚至停止,叶菜、根菜、茎菜类产量降低,果菜类易落花落果、坐果少,部分蔬菜轻微冻害,病害加重。冻害严重时植株生长点遭危害,顶芽冻死,生长停止;受冻叶片发黄或发白,甚至干枯;根系受到冻害时,植株生长停止,并逐渐变黄甚至死亡。

三、倒春寒对蔬菜造成危害的原因

总体上讲,倒春寒是发生在4月份的寒潮,其对蔬菜造成的危害原因与寒潮基本相同,详见第四章第三节。

第四节　倒春寒灾害的应对技术

随时掌握倒春寒信息,及时将倒春寒相关信息,如降温幅度、持续时间、是否伴有大风和降水等,通报各级农业相关部门和种植大户,及时做好相应的防范、应急和补救措施。

一、倒春寒灾害前防范技术措施

1. 提早做好防寒保温材料准备

重点是备好备足保温用棚膜、遮阳网、草帘、无纺布、电加温线、白炽灯等保温增温和补光材料。

2. 强化农艺防范措施

一是选择耐寒性较强的优良品种。二是及时夯实堤埂、疏通沟渠、降低地下水位,避免田间积水。三是在季节允许范围内,适当推迟播种育苗和秧苗移栽。四是提前对秧苗和植株进行低温抗寒锻炼,提高植株抗逆性。五是适当增施磷钾肥、菌肥,喷施磷酸二氢钾、植物动力2003、芸苔素等叶面肥,以及喷施植物抗寒保护剂,增强植株抗冻能力。六是全面进行一次病虫害防治工作,降低病虫害基数。

3. 抢收蔬菜

根据对倒春寒危害测报,抓紧采收一批成熟蔬菜上市或进仓暂贮存,如青菜、大白菜、番茄、结球甘蓝、花椰菜等,以减少灾害损失。

二、倒春寒灾害期间应急技术措施

1. 保温增温补光防冷(冻)害

大棚蔬菜适当提早密闭棚膜,采用大棚膜+中棚膜+小拱棚膜等进行多层覆盖保温,必要时夜间在小拱棚外覆盖遮阳网、无纺布等保温材料,或点白炽灯、燃煤球炉、熏烟等进行增温防寒(冻)。育苗棚内苗床铺设电加热线,并接通电源进行增温育苗;阴雨天气持续时间较长的,要及时补光,避免秧苗徒长,成为高脚苗。露地蔬菜采用植株基部培土、覆草和浮面覆盖稻草、遮阳网等相结合的方式进行保温防冷(冻)害;夜间在上风方向进行田间熏烟可有效地减轻、避免冻害发生。如果倒春寒强度强、持续时间短,还可以通过植株表面喷水、地面浇水等方法减轻灾害影响。

2. 排水降湿防渍害

倒春寒天气,时常伴有阴雨天气,甚至可能降水量较大、持续时间较长。因此,灾害期间,要注重田间巡查,随时清理沟渠,排除田间积水,降低田间湿度,避免渍害发生。大棚蔬菜要利用降水间隙,在中午前后气温相对较高时,适当通风排湿,降低棚内湿度。

三、倒春寒灾害后补救技术措施

1. 抓紧播种育苗或大田移栽

4月正是大量蔬菜播种育苗和大田移栽的关键季节。倒春寒过后,要抢"冷尾暖头"进行播种育苗,或大田移栽,减少因灾害对生产季节的影响。

2. 通风降湿增加光照

灾害过后,气温回升,阳光普照,要及时除去稻草、遮阳网、无纺布等覆盖材料,增加秧苗和植株光照时间和强度;及时整枝绑蔓摘叶、疏花疏果,增加通风透光;清理沟渠,排除积水,降低田间湿度;撤去中棚、小拱棚,加大棚室通风口,降低棚内湿度。

3. 追肥防病虫害

及时追施一次薄肥,或喷施磷酸二氢钾、芸苔素、氨基酸等叶面肥,促进植株快速恢复生长。同时,全面防治一次病虫害,重点防治灰霉病、白粉病、菌核病、烟粉虱等。

4. 及时补播改种

对灾害损失较重,已无法补救或没有补救价值的,要抓紧时间重新播种育苗或调运秧苗进行补种,或改种当季可以播种育苗的其他作物。具体补播改种蔬菜配套技术详见第十一章。

第七章　异常梅雨对蔬菜生产的影响及应对技术

第一节　概　述

梅雨季节,通常是指我国长江中下游地区出现的一段连阴雨天气。一般每年"芒种"前后(6月上中旬)开始到"小暑"前后(7月上中旬)结束,正值梅子变黄、成熟的时候,会迎来较长时间的阴雨天气,这种天气被称为"梅雨"或者"黄梅雨",此时段便被称作梅雨季节。在此期间,往往天空连日阴沉,降水连绵不断,时大时小。所以我国南方流行着这样的谚语:"雨打黄梅头,四十五日无日头"。持续连绵的阴雨、温高湿大是梅雨的主要特征。

梅雨是一定地区和一定季节内发生的天气现象。全球范围内,只有我国长江中下游及我国台湾地区、日本中南部和朝鲜半岛南部有梅雨出现。也就是说,梅雨是东亚地区特有的天气现象,在我国则是长江中下游特有的天气现象,一般发生在春末夏初。

梅雨天气对农业生产如蔬菜有利也有害,正常的梅雨总体上讲有利于农业生产,而异常梅雨则会对农业产生造成严重影响。异常梅雨指有的年份梅雨锋特别活跃,或者梅季特长,暴雨频繁,称为"长梅雨"、"特长梅雨",往往造成洪涝灾害;有的年份还会出现"倒黄梅",雨量往往相当集中,易造成水患;有的年份梅雨锋不明显,出现"短梅"或"空梅",形成干旱或大旱天气;有的年份梅雨出现过早或过迟,称为早梅雨、或迟梅雨,也会对蔬菜生产造成一定损害。相对于正常的梅雨天气,早梅雨、迟梅雨、特长梅雨、长梅雨、倒黄梅、短梅和空梅等都属于异常梅雨天气。其中特长梅雨、长梅雨、短梅和空梅对蔬菜生产的影响最为严重。

宁波市异常梅雨主要发生在5—7月。

第二节　异常梅雨期间主要蔬菜种类及所处的生育时期

一、异常梅雨期间主要蔬菜种类

5—7月异常梅雨发生期,宁波市在田蔬菜种类品种较为丰富,主要有:根菜类的春萝卜、胡萝卜等,白菜类的小白菜、大白菜等,甘蓝类的结球甘蓝、花椰菜、青花菜,芥菜类的包心芥菜,绿叶菜类的莴苣、芹菜、空心菜、苋菜、茼蒿、木耳菜等,葱蒜类的葱、大蒜、韭菜等,茄果类番茄、茄子、辣椒等,瓜类的西瓜、甜瓜、黄瓜、南瓜、苦瓜、冬瓜等,豆类的长豇豆、四季豆、毛豆、蚕豆、豌豆等,薯芋类的马铃薯、芋芳等,水生蔬菜的茭白、莲藕等,多年生蔬菜的芦笋等。

二、异常梅雨期间主要蔬菜所处的生育时期

1. 根菜类蔬菜

(1)萝卜。春播萝卜根据播种时间的不同,2—4月播种的萝卜,5—7月处于肉质根生长期和采收期。5—7月夏萝卜仍可分期分批播种,出苗后处于苗期和肉质根生长期。秋冬萝卜一般7月中下旬开始播种。

(2)胡萝卜。胡萝卜7月为播种期。

2. 白菜类蔬菜

(1)白菜。5—7月春白菜处于大田生长期和采收期,夏白菜处于播种育苗期。小白菜可分期分批播种,分期分批采收。一般采收"鸡毛菜"的播后20多天即可采收;采收中小菜的可在播后25天开始采收。

(2)大白菜。春大白菜5—7月处于采收末期,夏大白菜处于播种育苗期和大田旺盛生长期。

3. 甘蓝类蔬菜

(1)结球甘蓝。春甘蓝 5 月至 7 月中旬处于叶球采收期;夏甘蓝 5 月下旬前处于播种育苗期,5 月下旬至 7 月上中旬为移栽定植期,7 月中旬后为叶球大田生长期;秋冬甘蓝 7 月为播种育苗期。

(2)花椰菜。早熟花椰菜 6 月中旬至 7 月上旬为播种育苗期,7 月上中旬开始为移栽定植期;中熟品种一般 7 月为播种育苗期;晚熟品种 7 月为播种育苗准备期。

(3)青花菜。早熟青花菜 7 月中旬开始为播种育苗期;中晚熟品种 7 月为播种育苗准备期。

4. 芥菜类蔬菜

(1)包心芥菜。包心芥菜一般 7 月下旬播种育苗。

5. 绿叶菜类蔬菜

(1)茎用莴苣。茎用莴苣 5—7 月均可播种育苗,根据播种时间的不同,茎用莴苣分别处于播种育苗期、苗期、移栽期和大田生长期。2—4 月播种的茎用莴苣处于大田旺盛生长期和采收期。

(2)芹菜。2—3 月播种的芹菜,5 月中旬至 6 月处于采收期。秋芹菜 6—7 月可分期分批播种育苗,出苗后为秧苗期。

(3)生菜。4 月中下旬开始至 7 月,生菜均可播种育苗,苗龄30 天左右。早播的生菜 6 月下旬至 7 月可采收,迟播的则处于苗期、移栽期和大田旺盛生长期。

(4)空心菜。秋空心菜一般 6 月下旬至 7 月中旬播种,后为苗期。

(5)苋菜。苋菜 5—7 月均可分期分批播种,根据播种时间的不同,5 月下旬开始可分期分批拔小菜整株采收或割嫩茎采收。

(6)茼蒿。春茼蒿 5 月为采收期。

6. 葱蒜类蔬菜

(1)小葱。春栽小葱 5 月上旬处于苗期,5 月中下旬至 6 月上旬移栽大田,7月上中旬开始陆续采收上市,为采收期。秋冬栽培的小葱,7月可采用葱头直接播种。

（2）大蒜。5—6月为蒜头膨大期和蒜头采收期。

7. 茄果类蔬菜

（1）番茄。大棚早熟、特早熟栽培番茄5—6月为开花结果期和成熟采收期,7月处于采收末期;春露地番茄5月处于开花结果期,6—7月处于开花结果期和成熟采收期,一般7月底8月上旬采收结束。秋番茄7月上中旬播种育苗,后处于苗期。

（2）茄子。大棚早熟、特早熟栽培茄子5月至6月处于开花结果期和采收期,6月下旬至7月上旬处于采收后期,管理得当,仍可不断开花结果和采收。秋茄子7月处于播种育苗期。

（3）辣椒。大棚早熟栽培辣椒5—7月处于开花结椒期和采收期。春露地辣椒5月处于开花结椒期,6—7月至处于开花结椒和成熟采收期。秋辣椒7月中旬播种育苗。

8. 瓜类蔬菜

（1）西瓜。大棚早熟、特早熟栽培西瓜5—7月处于成熟采收期;春季小拱棚和露地栽培西瓜5—6月处于开花结瓜期和果实膨大期,7月处于成熟采收期,一般7月底至8月上中旬采收结束;夏秋大棚西瓜一般7月上旬至8月初播种育苗或直播,7月下旬开始定植。

（2）甜瓜。大棚早熟、特早熟设施栽培甜瓜5—6月处于采收期,7月为采收后期。秋栽大棚甜瓜7月上旬为播种育苗期,7月中旬为苗期,7月下旬为定植期。露地甜瓜5—6月处于开花结瓜和果实膨大期,7月处于开花结果和成熟采收期。

（3）黄瓜。春大棚黄瓜5—6月为开花结瓜期和成熟采收期,6月下旬至7月为采收末期。春露地黄瓜7月处于抽蔓和开花结果期,一般7月底采收结束;秋露地黄瓜7月下旬至8月上旬为播种期。

（4）南瓜。南瓜5—7月处于开花结瓜和采收期。

9. 豆类蔬菜

（1）长豇豆。春栽长豇豆 5—7 月处于开花结荚和收获期,收获期长短根据生长情况而定。夏播长豇豆一般 5 月至 6 月上旬直播或育苗,7 月处于苗期和旺盛生长期。

（2）四季豆。直播地膜覆盖四季豆 5 月至 6 月为开花结荚期,7 月处于采收期,一般 7 月底采收结束。秋播四季豆一般 7 月中旬至 8 月上旬播种,8 月中旬至 9 月中旬处于大田生长和开花结荚期,9 月中旬后处于开花结荚和成熟采收期。

（3）菜用大豆。春菜用大豆 5 月至 6 月中下旬处于花荚期,6 月下旬至 7 月中旬处于鼓粒期和成熟期,一般 7 月底 8 月初采收结束。夏菜用大豆 5 月中旬至 6 月中旬播种,6 月下旬至 7 月处于苗期。秋栽菜用大豆 6 月下旬至 7 月上旬直播,后处于大田生长期。

（4）豌豆。豌豆 5 月上旬开始采摘嫩荚上市。

（5）蚕豆。蚕豆 5 月上旬开始采摘鲜荚上市。

10. 薯芋类蔬菜

（1）马铃薯。春马铃薯一般 4 月下旬至 5 月中旬为采收期,小拱棚和地膜马铃薯生育期适当提前。

（2）芋艿。芋艿 5 月处于苗期,6 月处于发棵期,7 月为结芋期,早熟、特早熟栽培的生育期适当提前。

11. 水生蔬菜

（1）茭白。露地栽培双季茭白春栽的 5 月为长秆期,6 月至 7 月上旬为梅茭孕茭采收期,7 月上旬至 7 月底为分蘖期;翌年 5 月至 6 月为夏茭孕茭采收期。夏秋栽的 5 月至 6 月下旬为长秆期,6 月下旬到 7 月为大田移栽期;翌年 5 月至 6 月为夏茭孕茭采收期。大棚设施栽培的,采收期适当提前。

（2）莲藕。青荷藕 5 月为结藕期,6 月至 7 月处于结藕和成熟期,可根据市场需求,随时采收上市。

12. 多年生蔬菜

大棚草莓 5—7 月处于育苗期。

第三节 异常梅雨对蔬菜生产的危害

一、异常梅雨的危害

异常梅雨对蔬菜生产的影响,主要是由长梅雨、特长梅雨和倒黄梅天气引起的连阴雨、暴雨和由此产生的洪涝灾害,以及短梅、空梅引起的干旱和烈日暴晒。

1. 长梅雨、特长梅雨和倒黄梅天气的危害

(1) 雨水偏多的危害。梅雨雨季时间长、降水量大,极易造成田间长期积水和洪涝灾害,引起土壤板结、养分流失,植株根系活力下降、生长瘦弱,田间湿度大、病虫草害滋生蔓延,甚至直接冲毁农田和农作物,造成重大灾害损失。

(2) 阴雨寡照的危害。长时间阴雨寡照天气,植株茎叶光合作物明显,造成作物叶色暗淡、生长瘦弱,田间湿度加大、病虫草害发生加重和蔓延迅速。同时,久雨转晴,气温短时间内急骤上升,蒸腾作用加强,叶片易发生萎蔫,严重的会造成植株死亡。

2. 短梅、空梅天气的危害

(1) 干旱缺水的危害。短梅、空梅天气,阴雨天气明显偏少,甚至长时期的相对高温和烈日天气,蔬菜因缺水造成植株萎蔫、生长不良、落花落果落荚普遍,红蜘蛛等虫害明显加重。如瓜类、茄果类蔬菜,结果性差、果实偏小、商品性下降;豆类、叶菜类蔬菜,落花落荚、豆荚和茎叶加速老化、叶菜纤维素含量增加,品质明显下降;草莓匍匐茎抽生量减少、子苗数量少、质量变差。

(2) 高温烈日的危害。短梅、空梅天气,气温明显升高、日夜温差小,维持时间长,同时晴空无云、烈日暴晒,往往蔬菜呼吸消耗明显大于光合积累,引起生长不良,严重的还会对蔬菜茎叶和果实表面造成灼伤,幼嫩植株茎叶和果实的危害尤为严重。同时,会加

重虫害发生和蔓延。

二、异常梅雨造成蔬菜危害的主要原因

异常梅雨对蔬菜造成危害的主要原因包括雨水持续时间长而偏多或短期暴雨引起湿害、涝害,连阴雨天气偏多引起光合作用不足,雨水偏少引起干旱,高温烈日引起植株呼吸消耗偏大和器官灼伤。

1. 长梅雨、特长梅雨和倒黄梅天气对蔬菜造成危害的原因

(1)湿害。又称为渍害,指土壤过湿,水分处于饱和状态,土壤含水量超过了田间最大持水量,根系完全生长在泥浆中。湿害虽不是典型的涝害,但实际上也是涝害的一种类型。湿害造成蔬菜危害的主要原因:

一是土壤全部空隙充满水分,根部呼吸困难,导致根系吸水、吸肥都受到抑制。

二是由于土壤缺乏氧气,使土壤中的好气性细菌(如氨化细菌、硝化细菌和硫细菌等)的正常活动受阻,影响矿质的供应;相反,嫌气性细菌(如丁酸细菌等)特别活跃,使土壤溶液的酸度增加,影响植物对矿质的吸收。同时,在缺氧条件下,还会产生硫化氢、氨等一些有毒的还原产物,直接毒害根部。

(2)涝害。涝害指地面积水,淹没了蔬菜的全部或一部分,液相代替了气相,使植物生长在缺氧的环境中,引起生长发育不良,甚至死亡。低洼地、沼泽地带、河边,在发生洪水或暴雨之后,常有涝害发生。主要表现为:

一是对植物形态与生长的损害。水涝缺氧可降低植物的生长量,例如玉米和苋菜两种 C_4 植物,生长在仅 $4\%O_2$ 的环境中,24 小时后干物质生产降低分别为 57% 和 32%~47%,受涝的植株生长矮小,叶片黄化,叶柄偏上生长,根系变得又浅又细,根毛显著减少。土壤和积水会使旱地作物根系停止生长,然后逐渐变黑、腐烂发臭、很快整个植株都会枯死。淹水对种子萌发的抑制现象最为明显。

二是对代谢的损害。根据瓦布格效应,氧气是光合作用的抑制剂,但在淹水情况下,缺氧反而对光合作用产生抑制作用。研究表明,缺氧对光合作用的抑制可能是水影响了 CO_2 扩散或间接限制 CO_2 扩散。如大豆在土壤淹水条件下,光合作用本身并无改变,但同化物向外输出受阻。缺氧对呼吸作用的影响主要是抑制有氧呼吸,促进无氧呼吸。如菜豆淹水 20 小时就发现有大量无氧呼吸的产物,如丙酮酸、乙醇、乳酸等。

三是植株营养失调。经水淹的植株常发生营养失调,主要有两方面原因:一方面由于缺氧降低了根对离子吸收活性,另一方面由于缺氧和嫌气性微生物活动产生大量 CO_2 和还原性有毒物质,从而降低了土壤氧化—还原势,使得土壤内形成大量有害的还原性物质,如 H_2S、Fe^{2+}、Mn^{2+} 以及醋酸、丁酸等。

2. 短梅、空梅天气对蔬菜造成危害的原因

短梅和空梅对蔬菜造成危害的原因主要是干旱和烈日高温灼伤,即旱害和灼伤。详见第三章第三节。

第四节　异常梅雨灾害的应对技术

随时掌握梅雨信息,及时将梅雨季节期间的相关信息,如梅季总体形势、入(出)梅时间、梅雨持续时间、降水情况、是否伴有大风等,通报各级农业相关部门和种植大户,及时做好相应的防范、应急和补救措施。

一、异常梅雨灾害前防范技术措施

1. 长梅雨、特长梅雨和倒黄梅灾前防范措施

(1)清理沟渠,确保排水通畅。要抓紧疏通和清理排水沟渠,加固围堰,夯实堤埂,检修水泵等强排设备,随时应对梅季因降水过多引起的明涝暗渍危害。

(2)抢收蔬菜,避免灾害损失。根据梅季天气测报,抓紧抢收一批蔬菜瓜果,如西瓜、甜瓜、黄瓜、南瓜、番茄、茄子、辣椒、长豇

豆、毛豆等已成熟或临近成熟的蔬菜,以及小白菜、木耳菜、空心菜、葱、大蒜等随时都可以采收的蔬菜,及时上市销售、或保鲜贮藏,避免灾害造成蔬菜产品损失。

(3)加强管理,增强抗灾能力。一是进行一次全面的病虫害预防和防治,如霜霉病、炭疽病、软腐病、蚜虫等,降低病虫基数,减轻因梅季天气差,无法及时用药防治,加重灾害损失;二是进行一次全面的追肥,适当增施磷钾肥,增加植株的抗逆能力;三是及时清洁田园,清除杂草,加强绑蔓整枝、打顶摘叶、疏花疏果等植株整理工作,避免因梅季天气差,无法进行正常的农事操作,造成失管。

2.短梅、空梅灾前防范措施

(1)加强抗旱设施和物资准备。抓紧抢修灌溉沟渠,安装铺设临时引水管道和喷(滴)灌等节水灌溉设施设备,充分发挥喷(滴)灌设施的作用;备好备足遮阳网、水泵等抗旱物资。

(2)加强抗旱科技应用。推广应用抗旱性强的优良品种,并在播种前用氯化钙、硼酸等化学药物浸种,或叶面喷洒硫酸锌等进行化学诱导提高作物的抗旱性和抗热性;采用蹲苗、搁苗等方法进行抗旱锻炼,增强蔬菜的抗逆能力;适当增施磷肥、钾肥,以及微量元素硼和铜,调节植株体内矿质营养比例,增强植株抗旱能力;喷施一定浓度的矮壮素等生长延缓剂和抗蒸腾剂,减少蒸腾失水,具有明显提高作物抗旱性的作用;在条件许可的情况下适当推迟播种或移栽。

二、异常梅雨灾害期间应急技术措施

1.长梅雨、特长梅雨和倒黄梅灾害期间防范措施

(1)加强应急排水。加强田间巡视,及时疏通坍塌沟渠、清理掉落沟渠内的杂物,确保排水通畅;加固、加高、堵漏基地内的堤坝、田埂、围堰等。及时采用水泵进行强制排水,排除田间积水,降低田间湿度,避免内涝、淹水和渍害发生。

(2)加强农艺措施落实。梅雨期间密闭大棚,避免雨水直接进入大棚,增加棚内湿度。利用降雨间隙,短期天气晴好的有利时

机,加大棚室通风,加强绑蔓整枝、打顶摘叶、清除杂草等田间管理工作,增强通风透光,降低田间湿度。若遇长时期阴雨寡照,育苗棚内及时接通 LED 灯等进行补光,避免形成高脚苗、弱苗。

2. 短梅、空梅灾害期间防范措施

(1)科学浇(灌)水抗旱。采取多种措施,引水灌溉,适当增加浇水次数和每次的浇水量。有条件的,尽可能采用喷(滴)灌、微喷、微滴等进行节水灌溉,提高灌溉效果和水资源利用率。

(2)落实农艺抗旱措施。一是结合除草进行浅中耕松土,切断土壤毛细管,减少水分蒸发,在植株基部覆草,能起到很好的降温保湿作用。二是设施栽培蔬菜,在中午前后高温时间在棚架上覆盖遮阳网,进行遮阴降温;露地蔬菜浮面覆盖遮阳网、稻草等遮阴降温。三是季节允许的情况下,推迟播种育苗和大田定植。四是喷施生长延缓剂、抗蒸腾剂,提高蔬菜的抗(耐)旱性。

三、异常梅雨灾害后补救技术措施

1. 长梅雨、特长梅雨和倒黄梅灾后防范措施

(1)抓紧清沟排水。灾害过后,抓紧清理和疏通沟渠、排除田间积水,降低地下水位,避免蔬菜瓜果长时间受浸,引起根系生长不良,甚至植株死亡。

(2)抓紧抢收蔬菜。对受灾较重但仍有利用价值的蔬菜,如长豇豆、南瓜、瓠瓜、西(甜)瓜、青菜、空心菜等,要抓紧抢收上市,以挽回部分经济损失。

(3)抓紧中耕培土和补施追肥。暴雨冲刷、田间水淹后,易造成土壤养分流失、根系外露、土壤板结,要及时进行浅中耕、培土、除草,以增加土壤的透气性,避免根系外露和草荒。同时,全面补(追)施一次速效肥,浓度宜淡,或喷施磷酸二氢钾、氨基酸等叶面肥进行根外追肥,提高植株对水分和养分的吸收能力,促进快速恢复生长。

(4)抓紧田间护理。要及时清理被台风吹落田间的枯枝落叶、死株及其他杂物,尽快清洗受淹植株茎叶,摘除受损严重的枝

叶、果实,以利于作物恢复生长,减轻病虫危害。对倒伏或倾斜的玉米、茄子、长豇豆、丝瓜等高秆作物和搭架栽培作物应尽快扶正、培土和加固,摘除老叶、黄叶和病叶,促进通风透光,降低田间湿度。出梅后,往往高温烈日,要注意在蔬菜瓜果表面或棚架设施上覆盖遮阳网等遮阴降温,防止气温骤升和阳光暴晒,引起植株失水枯萎和茎叶、果实表面高温灼伤。

(5)抓紧病虫害防治。灾害过后,往往气温高、田间湿度大、蔬菜生长势弱、伤口多,易引发多种病害在短时间内暴发和快速蔓延,要引起高度重视,切实抓好蔬菜的病虫草害防治工作。尤其要高度重视软腐病、霜霉病、黑腐病、青枯病、枯萎病、疫病等病害的防治。要认真贯彻“预防为主、综合防治”的植保方针,根据各种蔬菜瓜果的病虫害发生规律,以农业防治为基础,因地制宜运用生物、物理、化学等手段,经济、安全、有效地控制病虫为害。结合药剂防治,喷洒磷酸二氢钾等叶面肥及一些植物生长调节剂,防治效果更佳。具体化学防治药剂及用法用量可参照附录。

(6)抓紧改种补播。受灾严重或绝收田块,要及时进行改种补播。在改种补播时,要注意合理安排速生蔬菜和非速生蔬菜的种类和比例,避免集中上市,造成阶段性过剩,增产不增收,甚至亏本。可抓紧播种一批青菜、苋菜等速生叶菜,一方面可保证秋淡蔬菜供应,另一方面可在较短时期内采收上市,以增加收入,弥补灾害损失。同时,7月以后至9月正是秋西(甜)瓜、秋冬甘蓝、秋大豆、秋玉米、秋马铃薯等多种作物的播种适期,可以根据各自的实际情况进行补播改种。具体改种、补播蔬菜种类及栽培技术详见第十一章。

2. 短梅、空梅灾后防范措施

(1)全面补施追肥。高温干旱解除后,结合浅中耕和清除杂草,全面追施一次速效肥,以促进植株恢复生长。追肥应氮、磷、钾配合施用,苗期以氮肥为主,磷钾肥为辅;结果期以磷、钾肥为主,氮肥为辅。长势较弱的,可叶面喷施 0.1% ~ 0.2% 磷酸二氢钾溶液,或喷施宝、爱农、氨基酸等,促进蔬菜生长,防止茎、叶早衰。

(2)注意病虫害防治。梅雨季节相对较高的温度环境,易滋生病虫。灾害过后,田间湿度增加,温度继续升高,在植株长势偏弱的情况下,极易诱发多种病虫暴发和快速蔓延,要及时做好防治工作。对前期失治或防治不彻底,造成基数偏大的病虫害,如番茄脐腐病、大白菜干烧心病、病毒病、红蜘蛛、粉虱等,尤其要抓紧做好补治和防治工作。病虫害防治要根据各种蔬菜的病虫害发生规律,以农业防治为基础,因地制宜运用生物、物理、化学等手段,经济、安全、有效地控制病虫为害。具体化学防治药剂及用法用量可参照附录。

(3)加强田间护理。及时清洁田园,清理散落田间的枯枝落叶及其他杂物,摘除老(黄、病)叶和受损严重的枝叶、果实。对前期因抗击高温干旱,而疏于管理的田块,尤其要加强管理,促进作物快速恢复生长。

(4)抓紧播种育苗、移栽或及时补播改种。利用灾后有利时节,抓紧播种育苗或大田移栽,尽可能降低播种或移栽时间推迟的损失。灾害影响严重或绝收田块,要及时进行改种补播。可抓紧播种一批青菜、苋菜等速生叶菜,在较短时期内采收上市,以增加收入,弥补灾害损失。在改种补播时,要注意合理安排速生蔬菜和非速生蔬菜的种类和比例,避免集中上市,造成阶段性过剩。

第八章 洪涝灾害对蔬菜生产的
影响及应对技术

第一节 概 述

洪涝灾害又称水灾,是洪灾和涝灾的统称。洪灾是指大雨、暴雨或冰雪大量融化引起水道急流、山洪暴发、河水泛滥,淹没农田、毁坏堤坝和各种农业设施等,造成作物、人、畜受损。涝灾有雨涝和渍涝,是指降水过多或过于集中,农田排水系统不良而造成的积水成灾。

自古以来,雨涝灾害一直是困扰人类社会发展的自然灾害。大禹治水是我国有文字记载开始,最早的表现劳动人民和洪水斗争典型事例。时至今日,雨涝依然是对人类影响最大的灾害,也是我国最主要的自然灾害之一。我国雨涝的发生具有出现次数频繁、旱涝交替出现等特点,如2002年,我国有近2亿人次遭受雨涝灾害。

根据洪涝灾害发生的季节,可分为春涝、春夏涝、夏涝、夏秋涝和秋涝等几种类型。春涝及春夏涝主要发生在南岭及长江中下游一带,多由连阴雨造成。夏涝在黄淮海平原、长江中下游、华南、西南、东北等地发生的概率较高,多由暴雨或连续大雨造成。夏秋涝或秋涝在西南地区发生的概率最高,其次是华南沿海一带及长江中下游地区,再次是江淮地区,多由暴雨或连阴雨造成,对蔬菜作物的产量、品质影响很大。

洪涝灾害虽与地貌类型、水利设施、作物种类、耕作制度以及土壤、植被等诸多因素有关，但从根本上讲，自然降水强度大，水流湍急，导致排泄不畅，是引起洪涝灾害的最直接、最主要的原因。

浙江省每年5月至7月上旬为多雨的梅汛期。暴雨、大暴雨和连续大雨时有发生，并由此而引起洪涝灾害。山洪暴发、江河泛滥、淹没农田与村庄、毁坏水库、冲毁道路及桥梁、中断通讯和供电、工厂停工停产，给国民经济建设，特别是对农业生产和人民生命财产造成极大的危害。据近16年气象资料统计，宁波市受洪涝灾害的总面积达1 283.6万亩，即平均每年有5.7%的土地面积要遭受洪涝灾害。但发生区域不平衡，慈溪、余姚受灾最重，市区最轻。鄞州、奉化、象山各种程度的灾情分布较均匀。宁海常年有洪涝，但每年灾情都较轻。

综合宁波市的洪涝灾害发生情况，主要集中在6—9月，占全年总数的94.3%，其中7、8月发生的为最多，分别达到28.6%和20.9%，7—8月发生的重大水灾次数占全年发生总数的75%，基本上由梅雨和台风天气造成。就灾害发生的区域来说，春涝基本上多为内陆平原地区，梅雨天气造成的水灾全市各地都可发生，台风所造成的洪水灾害多发生在沿海地区，但总体上水灾南部多于北部。

2009年，宁波市出台了洪涝灾害预防和预警机制，其中包括根据防汛特征水位，对应划分预警级别，由重到轻分为一、二、三、四共4个等级，分别用红、橙、黄、蓝色表示。

第二节　洪涝期间主要蔬菜种类及所处的生育时期

洪涝灾害的发生时段在宁波地区主要集中在每年的6—9月，在此期间是宁波市夏秋两季蔬菜生长的黄金季节，也是秋冬蔬菜播种育苗和移栽的关键季节。6—9月洪涝期间主要蔬菜种类及所处的生育时期，详见第二章第一节和第七章第一节。

第三节　洪涝灾害对蔬菜的危害及应对技术

洪涝灾害对蔬菜的危害主要是由降水过多、排水不畅引起的，表现涝害和湿害。洪涝灾害对蔬菜的危害详见第二章第三节台风对蔬菜的危害，以及第七章第三节异常梅雨中的长梅雨、特长梅雨和倒黄梅天气对蔬菜的危害。

洪涝灾害应对技术措施，可详见第二章第四节台风灾害应对技术和第七章第四节异常梅雨中长梅雨、特长梅雨和倒黄梅灾害应对技术。

第九章 龙卷风对蔬菜生产的 影响及应对技术

第一节 概 述

龙卷风又称卷风,是一种相当猛烈的天气现象,龙卷风出现时,一般伴有雷雨和冰雹,它与一般大风的区别是中心气压低、风力大,破坏力极强。龙卷风的水平范围很小,直径从几十米到几百米,最大为 1 000 米左右。龙卷风发生至消散的时间很短,持续时间一般也仅有几分钟,最长不过几十分钟,影响的面积也较小,但却可以造成庄稼、树木瞬间被毁,交通、通讯中断,房屋倒塌,人畜伤亡等重大损失。

美国是全世界龙卷风最活跃的地区之一。我国也曾多次发生重大龙卷风危害,如 2007 年 8 月 18 日 23:07—23:20,短短的 13 分钟时间,受超强台风"圣帕"衍生的强龙卷风严重影响,温州苍南龙港镇倒塌民房 156 间、死亡 11 人、受伤 60 人。载重 18 吨的铁壳船被吹上房顶,载重 5 吨的货车被掀翻挪移,一棵 139 年的古樟树被连根拔起。2016 年 9 月 28 日,受"鲇鱼"台风外围环流和副高边缘共同影响,余姚中北部、慈溪、市三区、鄞州部分等地出现强降水和局地小龙卷等强对流天气,近 1 小时内雨量最大达 50 毫米,其中余姚市有岗亭被掀翻、20 多辆车子被吹落物砸中、大量广告牌被刮倒或变形,部分蔬菜大棚被揭翻,造成较大损失。

第二节 龙卷风期间主要蔬菜种类及所处的生育时期

龙卷风在宁波市各地时有发生,但在不同地域、不同月份有差异,其中慈溪、余姚滨海地区发生相对较多,时间主要集中在每年的5—9月。龙卷风发生期间主要蔬菜种类及所处的生育时期详见第二章第二节和第七章第二节。

第三节 龙卷风对蔬菜生产的危害及应对技术

龙卷风对蔬菜生产所造成的损失是不可抗拒的,轻则大棚折断倒塌、蔬菜贴地倒伏,重则蔬菜连同大棚等相关设施全部被席卷而飞。

龙卷风是一种强烈的、小范围的空气涡旋,是在强烈不稳定天气条件下,由空气强烈对流运动产生的,龙卷风生成前大气很不稳定,常伴黑黑的低云、积雨云还有雷鸣和电闪等天气现象。此外,冰凉的冷雨、大风、强降雨和冰雹都是龙卷风发生的征兆。

龙卷风出现前一般有5个预兆:一是有强烈的、连续旋转的乌云;二是在云层下的地面上,有旋转的尘土和碎片;三是随着冰雹和雷雨,风向在不断地转变;四是有持久不断的雷声;五是空中出现盘旋的底云层。

龙卷风一种难以防范的气象灾害,但可以通过多项措施减轻危害。

一、灾前的防范措施

1. 建立抗灾夺稳产的农林牧结构

在多龙卷风灾害发生的地方,尤其是山区和沿海区域,要大力种草种树,封山育林,以增加森林覆盖率。做好水土保持,减少水土流失。尽可能减少空气的对流作用,以减轻强对流天气灾害的发生。农区增加林牧业比重,并增加种植抗强对流天气灾害和恢复能力强的蔬菜作物比例。在强对流天气灾害多发区,多种根茎类蔬菜,减少玉米、长豇豆等高秆作物和搭架作物,慎重考虑发展大棚设施蔬菜生产。主要蔬菜的关键生育期尽可能错开强对流天气灾害多发时段;成熟蔬菜要及时抢收。

2. 建造防风林带

植树造林、绿化环境、加固建筑物,是防雷雨大风、龙卷风等风害的有效措施。通过防风林带建设,特别是慈溪、余姚等地滨海平原建设防风林,可以改善生态环境,阻滞风速,有效应对龙卷风的侵袭。

3. 选种抗逆性强的蔬菜种类和品种

在龙卷风多发区域,选种植株矮小、根茎粗壮、根系发达的蔬菜种类,优先考虑种植萝卜、胡萝卜、迷你番薯等根茎类作物,以及抗强对流天气灾害的蔬菜品种,提高抗灾能力。

4. 加强龙卷风天气研究和预测预报

加强与气象部门联系,要求加强龙卷风天气监测网点建设,更新监测手段,做好强对流天气的成因、移动等相关研究,建立防灾减灾计算机指挥系统,建立数据库和灾情库,做好总结分析和预测预报工作,提高龙卷风天气的预测预报水平。

5. 建立、健全防灾系统

建立完整的信息发布渠道,及时发布预报信息。当发现龙卷风天气将发生时及时发出警报,第一时间将相关信息传递到生产一线。同时,做好兴修水利、清理沟渠等相关工作,严防龙卷风带来的大风、强降水加重灾害损失。

二、灾时的应急措施

龙卷风来袭时,保护蔬菜种植户人身安全为第一要务。要立即停下所有从事的工作,从房屋内、农机作业车上撤离到掩体或空旷的田野上伏倒躲避,尽可能远离简易棚舍、活动房屋、大树等;无法及时撤离的,要避开所有的窗户,立刻进入地下室或牢固的狭小空间里,盖上棉被等柔软物,避免重物压伤。

三、灾后的补救措施

龙卷风灾害发生后,蔬菜作物除遭受机械损伤外,还可能遭受暴雨冲刷等间接危害。因此,要根据不同灾情、不同蔬菜品种、不同蔬菜的不同生育期的抗灾能力等情况,及时采取补救措施。重点是抓紧清洁田园,抢收尚有经济价值的蔬菜,修复破损棚架设施,培扶倾斜倒伏植株,适当追施速效肥,抓好细菌性病害防治工作。

第十章　冰雹灾害对蔬菜生产的
　　　　影响及应对技术

第一节　概　述

　　冰雹是强对流天气的产物,是影响农业生产的灾害性天气之一,其来势凶猛、强度大,持续时间虽短,但给农业生产带来的损失不容忽视,尤其是在蔬菜等作物生长期与成熟期内降雹,轻者造成大面积减产,重者导致绝收。

　　冰雹活动不仅与天气系统有关,而且受地形、地貌的影响也很大。我国冰雹分布的特点:一是波及范围大,冰雹灾害地域广。虽然冰雹灾害是一个小尺度的灾害事件,但是我国大部分地区有冰雹灾害,几乎全部的省份都或多或少的有冰雹成灾的记录。二是冰雹灾害分布的离散性强。大多数降雹落点为个别县、区,极少发生大范围的降雹现象。三是冰雹灾害分布的局地性明显。冰雹灾害多发生在某些特定的地段,特别是青藏高原以东的山前地段和农业区域,这与冰雹灾害形成的条件密切相关。四是中国冰雹灾害的总体分布格局是中东部多,西部少,空间分布呈现"一区域、两条带、七个中心"的格局。

　　从冰雹发生的时间分布看,冰雹天气的出现具有较强的季节性,多发生于春季与夏季,春夏之交并以海拔较高的地区最为频繁。一般说来,福建、广东、广西、海南、台湾在3—4月,江西、浙江、江苏、上海在3—8月,湖南、贵州、云南一带、新疆的部分地区在4—5月,秦岭、淮河的大部分地区在4—8月,华北地区及西藏部分地区在 5—9 月,山西、陕西、宁夏等地区在 6—8 月。就发生的具体时间而言,虽然一日之内任何时间均有可能降雹,但在全国各个地区都有一个相对集中的降雹时段。有关资料分析表明,我国大部分地区降雹时间 70% 集中在 13:00—19:00,以 14:00—16:00 为最多。

从冰雹发生频率看,不同区域、不同省市,冰雹发生频率存在较大差异,一般情况下山区冰雹发生频率小于川区,高海拔地区小于低海拔地区,迎风坡小于背风坡,较大冰雹天气较多发生在海拔高度为 1 000~1 700 米的山区背风坡。以浙江为例,浙江虽不能算是全国冰雹灾害之"最",但也算频发地区,如 2012 年 7 月 7 日白天受副高边缘和中低层西南风影响,浙江省大部分地区午后开始出现雷暴天气,杭州、宁波、台州和温州等地部分地区伴有短时暴雨、强雷电和 8~10 级的雷雨大风,过程造成宁波奉化区到北仑区短时气温剧降,13:52—13:57 北仑站出现冰雹,直径最大达 20 毫米,平均重量 2 克。其他地区,如丽水、金华地区也都先后发生过冰雹灾害。2014 年 3 月 19 日 17:00,台州市遭受龙卷风袭击,伴随冰雹、强降水、雷电和 10~11 级大风,时间从 17:00 一直持续到 18:30,破坏力极强,损失严重,很多行道树都被打断、很多市民家窗户被砸坏,农田,特别是蔬菜基地受到重大损失。2016 年 6 月 8 日 16:00 左右,浙江嘉兴乌镇突然遭冰雹袭击。继乌镇之后,至 6 月 9 日 17:30,宁波、湖州、丽水等地也都遭遇了冰雹袭击。台州、舟山等地也发布了暴雨和强雷电预警信号,全省有 35 个地方先后发布预警。

据统计,浙江、江苏、上海、江西等地冰雹主要发生在每年的 3—8 月,降雹时间 70% 集中在 13:00—19:00,以 14:00—16:00 为最多。宁波市虽不是冰雹频发区域,但偶有发生冰雹灾害,对蔬菜生产造成较大损失。

第二节　冰雹灾害期间主要蔬菜种类及所处的生育时期

根据冰雹发生概率,3—8 月为宁波市冰雹多发季节,此期间主要蔬菜种类及所处的生育时期,可参见第二章第二节、第四章第二节相关内容。

第三节 冰雹对蔬菜生产的危害及应对技术

冰雹对蔬菜生产的危害主要是直接造成大棚膜等生产设施破损,以及蔬菜叶、茎、果实砸伤和损毁,甚至绝收。同时,与之相伴的龙卷风、暴雨等灾害性天气往往会加重灾害损失。

冰雹发生前一般是有具体征兆的。冰雹天气前往往气温比较低、湿度较大,如果正午太阳辐射非常强,那么很容易使空气对流更加旺盛,形成积雨云并逐渐发展成为冰雹云,最终形成冰雹。若积雨云在远方出现时,通常是闪电密集,云底为浓黑滚动状,运动相当之快。当冰雹来临时,往往狂风肆虐,风向变化不定,若是持续刮起南风,那么以后风向将转换成西风或北风,在风力增加时,冰雹天气可能马上要来临。此外,在冰雹天气来临之前,气压将迅速下降、天气闷热,部分生物的活动将变得异常频繁。总而言之,温度低、湿度大、积雨云密集,闪电交错,伴有方向不定的大风,这些现象的出现往往预示着冰雹的来临。

冰雹是一种难以防范的气象灾害,但通过研究冰雹灾害发生规律,有针对性地采取一些技术措施,是可以减轻或避免冰雹灾害损失的。

一、雹灾前防范措施

1. 预测冰雹

冰雹是一种小尺度的天气现象,它的出现常有突发性、短时性、局地性特征,预测非常困难。我国劳动人民在长期与大自然斗争中根据对云中声、光、电现象的仔细观察,在认识冰雹的活动规律方面积累了丰富的经验。例如,根据雷雨云和冰雹云中雷电的不同特点,有"拉磨雷,雹一堆"的说法;冰雹来临以前,云内往往翻腾滚动十分厉害,有些地方把这种现象叫"云打架"。另外,在冰雹云来临时,天空常常显出红黄颜色,冰雹云底部是黑色或灰色,云体带杏黄色,故有"地潮天黄,禾苗提防"(防冰雹)的说法。除了通过感冷热、辨风向(如俗语说"不刮东风不天潮,不刮南风不下雹")、看云色、听雷声、识闪电、观物象等传统手段外,还可采用自动报警装置预警,即在下冰雹前数小时,通过雷达荧光屏观察,可以发现雹云的距离、方位和厚度,根据雹云的连续变化情况,预报降雹的时间和地区;还可用闪电计数器来识别冰雹云,并进行自动报警。

2. 人工消雹

采用人工防雹技术进行消雹处理,使形成雹块的云层减薄或消散,阻止云中酝酿成雹、小雹长成大雹。主要措施:一是将碘化银或碘化铅等催化剂通过地面燃烧或飞机播撒方式投入到成雹的积雨云中,增加积雨云中的雹胚,使其形成小雹,不易长成大雹。二是采用高射炮、火箭等轰击成雹的积雨云,引起空气的强烈振动,干扰上升气流,从而抑制雹云的发展,同时也能增强云中云滴间碰撞合并的机会,使一些云滴迅速长成雨滴降落,以减少形成冰雹所需要的原料,大大减少成雹机会。

3. 回避冰雹

根据当地冰雹易出现季节,选择适宜的蔬菜作物,以躲过冰雹危害。在多雹区,可选择抗雹性能较强的作物,如马铃薯、番薯等块根作物。下冰雹前,人员及时到室内躲避,准备头盔或其他代用品保护头部。

4. 综合农艺措施

在冰雹出现前,对旱地作物尽可能遮盖,尤其是选择具一定弹性的遮盖物进行覆盖,以减轻冰雹对作物的直接冲击;水生作物可进行短时灌深水护苗,瓜类、豆类、茄果类、甘蓝类、叶菜类、葱蒜类等各类成熟蔬菜,或可适当提前采收的蔬菜,进行突击抢收,尽可能减少灾害损失。

二、雹灾期间应急措施

人员抓紧躲藏到建筑物内,避免被冰雹砸伤。无法躲避的,尽可能戴好头盔或其他代用品保护头部。已采摘但来不及转移的蔬菜,抓紧用厚的遮盖物遮盖,并尽快转移到仓库。

三、雹灾后的补救措施

1. 及时清洁田园

雹灾过后,田间往往杂乱,及时清理散落田间的杂物,剪除受损的植株、枝叶和果实,以增强通风透光,减轻病虫害的发生和蔓延。

2. 及时中耕松土除草

冰雹的机械冲撞力很强,会夯实松散的土壤造成板结,持续时间越长对土壤板结作用越大。因此,雹灾后应及时清沟排水,降低土壤湿度,并及时进行中耕松土和除草,避免草荒和促进植株快速恢复生长。

3. 及时追肥

灾后要全面追施一次速效氮肥,浓度宜淡,或叶面喷施磷酸二氢钾等进行根外追肥,以改善植株营养状况,使其在尽快恢复生长的基础上,促进后期的生长发育,以弥补灾害损失。

4. 及时防治病虫害

雹灾过后,蔬菜损机械损伤严重,极易感染病菌,同时,茎叶受损后光合效率降低,吸水吸肥能力减弱,生长缓慢,随后长出的幼嫩枝叶,病虫害极易发生和蔓延。要在农业防治的基础上,及时选用对口药剂加以防治。

5. 及时改种

雹灾严重,成灾 50% 以上的田块,要根据具体情况分析和经济核算后补播或改种。改种前要合理安排作物茬口,科学搭配速生蔬菜和非速生蔬菜种植比例。

第十一章　灾后改种补播蔬菜栽培技术

由于气象灾害自然力量强大,在生产管理上只能尽可能减少灾害损失。灾害发生后,轻则生育延缓,产量降低,重则大面积毁苗或绝收。灾后重播改种是大灾后恢复生产的重要途径。由于蔬菜种类多,播种时间、生育期长短选择余地大,一般作为灾后重播改种的首选。就本地区来讲,不同时期灾后可播品种如下。

1—2月:主要灾害为寒潮与低温冷害、雨雪冰冻灾害和暖冬的连续阴雨天气,造成绝收和毁苗的主要是越冬栽培的大棚蔬菜。此期主要是大棚越冬栽培改为春提早栽培,可重播改种为茄果类、瓜类、菜用大豆、长豇豆、马铃薯、鲜食玉米等。

3—4月:主要灾害为连续阴雨天气和倒春寒,造成毁苗的主要是拱棚栽培的瓜类、长豇豆、菜用大豆、四季豆、鲜食玉米等,一般重新翻耕后种植上述品种。

5—6月:特殊年份有龙卷风、暴雨、涝害和雹灾等造成毁苗和绝收的,一般可补播一茬速生叶菜。

7—8月:有高温干旱、梅季涝害、台风、龙卷风等灾害造成毁苗和绝收的,可改种和播种甘蓝类、花椰菜类、芹菜、秋大豆、秋莴笋、萝卜、速生叶菜类等。大棚可改种和播种秋季瓜类。

9—10月:有台风、涝害等灾害造成毁苗和绝收的,露地可改种和播种甘蓝类、花椰菜类、大白菜、芹菜、萝卜、菠菜、芥菜类、豌豆等。大棚可改种和播种越冬茄果类、秋冬莴笋、菜心、秋豌豆、马铃薯、草莓等。

11—12月:有风灾造成大棚毁苗和绝收的,可改种和播种茄果类、越冬瓜类、速生叶菜等。

灾后补播、改种各种蔬菜瓜果作物栽培技术要点详见本章以下各节。

第一节 叶菜类蔬菜栽培技术

一、白菜栽培技术要点

1. 栽培季节及方式

白菜可分为春白菜、夏白菜和秋冬白菜三季。春白菜又称慢菜或迟菜,冬性强、抽薹晚,其大菜在头年晚秋(10月上旬至11月中旬)播种,翌年春采收;其菜秧在当年1月下旬至4月下旬(立春至谷雨前)播种,经30~50天采收。夏白菜又称火白菜、伏菜,耐高温,一般从5月下旬至8月上旬分批播种,播后20~30天采收。秋冬白菜又称早白菜,于7月中下旬至10月播种,早播者定植后30天可采收,迟播者50~80天采收。秋冬白菜、春白菜一般露地栽培为主;夏白菜以采用防虫网、大棚膜和遮阳网组合而成的保护地栽培为主。

2. 品种选择

应根据不同的季节选择抗病、优质、高产、商品性好,符合目标市场消费习惯的品种。秋冬白菜宜选宁波皱叶黑油筒、上海矮箕、杭州早油冬、苏州青、上海黑叶、五月慢等耐寒、束腰性好品种;春季栽培宜选用矮抗青(图11-1)、三月慢、四月慢、杭州蚕白菜等晚熟、耐寒、耐抽薹的品种;夏季栽培宜选择甬青1号、抗热605、杭州火白菜、上海青等耐热的品种。

3. 整地施肥

灾后及时清洁田园,结合翻耕施基肥,肥用量按照每生产100千克的白菜需吸收N 0.15千克、P_2O_5 0.07千克、K_2O 0.2千克的需肥规律合理施肥。采收小株的一般每亩施三元复合肥(15-15-15,下同)20千克,采收大株的每亩施三元复合肥35千克。精细

图 11-1 上海矮抗青

整地作 1.5 米宽高畦。

4. 播种育苗

直播和育苗移栽均可,春白菜、夏白菜以直播为主,秋冬白菜以育苗移栽为主,也可直播。直播每亩播种量为 400~600 克,育苗移栽每亩的播种量 150~200 克。播前浇足底水,均匀撒播,播后覆盖遮阳网。根据天气和生长情况及时揭盖遮阳网。育苗移栽的,出苗后应及时间苗 1~2 次,保持株距 6~8 厘米。在间苗的同时拔除杂草。育苗期保持土壤湿润。

5. 定植

定植株行距根据品种特性、栽培季节和采收目标而定,成株采收的定植株行距一般为 20~25 厘米见方,中株采收的定植株行距(15~20)厘米×(13~15)厘米。夏季定植宜选择阴天或晴天傍晚进行,冬季选择晴天上午定植。

6. 田间管理

在施足基肥的基础上,追肥一般以速效肥为主。具 3~4 片真叶时每亩喷施 0.2%尿素或氨基酸叶面复合肥。白菜定植后结合浇水追施速效氮肥 4~6 次,每隔 5~7 天一次,由淡到浓,每亩施追肥总量为尿素 15~20 千克。不得施用人畜肥,采收前 7 天控制施肥。整个生长期间保持土壤湿润。多雨季节,要及时清沟排水。

7. 病虫害防治

白菜的主要病虫害有霜霉病、病毒病、软腐病和黑斑病、蚜虫、黄曲条跳甲、菜青虫、小菜蛾、斜纹夜蛾等(表 11-1),要及时抓好防治工作。要在优先采用农业防治的基础上,协调运用物理、生物和化学防治来控制病虫害发生。化学防治时要选用对口农药适时防治,合理轮换和混用农药,严格遵守安全间隔期。

表 11-1　白菜主要病虫草害防治方法

防治对象	通用名	含量及剂型	每亩每次有效成分使用量(克/亩)	施用方法
霜霉病	百菌清	75%可湿性粉剂	97.5~112.5	喷雾
软腐病	枯草芽孢杆菌	100 亿芽孢/克可湿性粉剂	50~60	喷雾
黑斑病	噁酮·锰锌	68.75%水分散粒剂	31~51.5	喷雾
黄曲条跳甲	氯虫·噻虫嗪	300 克/升悬浮剂	8.3~10	喷淋或灌根
	溴氰虫酰胺	10%可分散油悬浮剂	2.4~2.8	喷雾
蚜虫	溴氰虫酰胺	10%可分散油悬浮剂	3~4	喷雾
	高效氯氟氰菊酯	2.5%微乳剂	0.15~0.2	喷雾
菜青虫	高效氯氟氰菊酯	5%微乳剂	0.6~1	喷雾
小菜蛾	阿维菌素	1.8%乳油	0.63~0.81	喷雾
斜纹夜蛾	溴氰虫酰胺	10%可分散油悬浮剂	1~1.4	喷雾
地下害虫(蛴螬、小地老虎、蝼蛄)	二嗪磷	4%颗粒剂	48~60	撒施

（续表）

防治对象	通用名	含量及剂型	每亩每次有效成分使用量（克/亩）	施用方法
蜗牛	四聚乙醛	6% 颗粒剂	30~39	撒施
杂草	二甲戊灵	330 克/升乳油	33~49.5	土壤喷雾

8. 采收

根据市场需求,分批采收。一般夏白菜播种后 20~30 天收,秋冬白菜定植后 30~80 天采收,春白菜宜在抽薹前采收。

二、菜心栽培技术要点

菜心又名菜薹,菜心以其主薹与侧薹供食用,品质脆嫩,风味独特,营养丰富,并有清热解毒、杀菌、降血脂的功能。同时由于菜心生长周期短,能周年生产与供应,经济效益较高。

1. 品种选择

菜心品种很多,按熟期可分为早熟种、中熟种、晚熟种 3 种类型,按薹色有绿薹种和黄薹种之分,宁波市及周边地区主栽的早熟品种主要有四九心、早熟 5 号菜薹、四九-19 号(图 11-2)、黄叶早心、青梗柳叶早心等;中熟品种主要有品种有青梗中心、黄叶中心、柳叶中心、60 天特青、宝青 60 天等;晚熟品种主要有三月青菜心、迟心 2 号、迟心 29 号等。

2. 播种育苗

(1)作畦。雨水多的地区或季节,宜采用深沟高畦,既便于旱天灌溉,又利于雨天排水。

(2)适时播种育苗。早中熟品种应以直播为主,晚熟品种以移栽为主。早中熟品种不应迟播,否则导致迅速现蕾抽薹,菜心细小,产量低;晚熟品种不可早播,否则导致抽薹迟,菜薹质量不好。早熟类型以直播为主,撒播或条播,均要疏播,不能过密;中熟类型在宁波多采用育苗移植,4 片真叶时移植大田。早熟品种定苗株行距一般为 10 厘米×13 厘米,中熟品种为 17 厘米×20 厘

图11-2 四九菜心

米。晚熟种育苗移植或直播，苗期 20~30 天,种植或定苗株行距
20 厘米×23 厘米。

　　冬春菜心一般在 10 月中旬播种育苗,每亩大田用种量为
150~200 克。第一片真叶展开时适当追肥,亩浇施尿素或三元复
合肥10~15 千克。苗床土保持湿润。出苗后要及时间苗,除去弱
苗、病虫苗和小苗。

　　3. 定植

　　灾后及时清洁田园,结合翻耕整地施入基肥,亩施三元复合肥
25 千克,精细整地。按畦宽 2.2 米(连沟)开好作深沟高畦。幼苗
有 4~5 片真叶时应及时移栽。栽植密度因品种、气候和土壤条件
而异,如早熟 5 号一般亩栽 3 500~4 000株。

　　4. 田间管理

　　幼苗成活后,及时浇施一次尿素液,亩用量 5~10 千克;在现
蕾期亩施用三元复合肥 10~20 千克,穴施或沟施,以确保主薹生
长。为早生侧薹和加快生长,每采收 1~2 次后,再浇施尿素每亩
10~15 千克。整个生长过程中要保持畦土湿润。浇水或雨后及

时进行中耕,以提高土壤通透性,并清除杂草。

5. 病虫害防治

菜心主要病虫害有霜霉病、软腐病、菜青虫、蚜虫、黄条跳甲等,特别是在灾害天气之后,往往易导致病虫危害,要及时做好防治工作。要在优先采用农业防治的基础上,协调运用物理、生物和化学防治来控制病虫害发生。化学防治时要选用对口农药适时防治,合理轮换和混用农药,严格遵守安全间隔期。化学防治药剂参照白菜栽培技术要点。

6. 采收

当菜薹高度与叶的先端相平,并有初花时为采收适期。作脱水加工原料用的,应按加工企业收购标准进行采收。

三、夏秋苋菜栽培技术要点

1. 品种选择

苋菜从春到秋无霜期内都可栽培,应根据不同季节品种的习性与消费习惯,采用不同品种。夏秋栽培宜选用较耐热的白米苋、柳叶苋、红苋等品种(图 11-3)。

图 11-3　苋菜

2. 整地播种

灾后及时清洁田园,每亩施入腐熟有机肥 2 000 千克三元复合肥 50 千克作基肥,精耕细作,做成畦宽 1~1.2 米,沟宽 0.3 米,沟深 0.15~0.2 米的高畦。

3. 播种

夏秋季栽培播种期可安排 7 月底至 8 月上旬。播种前,苋菜种子在凉水中浸种 24 小时。将种子与细沙或细土混合后均匀撒播或条播,每亩用种量 0.25~0.5 千克。播种后浅覆土,然后浇透水,加盖防遮阳网降温保湿。

4. 田间管理

出苗后及时揭去遮阳网,改搭小拱棚,高温和台风暴雨天气加盖遮阳网,早晚、阴雨水可不盖。气温下降后不再盖遮阳网,转正常露地管理。夏秋季气温高、生长旺盛,适当加大浇水量,一般在早晨、傍晚浇水。在施足基肥基础上要进行多次追肥,一般在幼苗有 2 片真叶时追第 1 次肥,过 10~12 天追第 2 次肥,以后每采收 1 次追肥 1 次。追肥以氮肥为主,可每次每亩施尿素或三元复合肥 5~10 千克。及时进行人工除草。

5. 病虫害防治

苋菜抗病性较强,病虫害相对较少。主要病虫害有猝倒病、蚜虫等,要及时抓好防治工作。要在优先采用农业防治的基础上,协调运用物理、生物和化学防治来控制病虫害发生。化学防治时要选用对口农药适时防治,合理轮换和混用农药,严格遵守安全间隔期。

6. 采收

当株高 12~15 厘米、具 5~6 片叶时即可进行采收,可间拔或一次性收获整株上市;也可离地面 5 厘米左右收割嫩茎叶上市,过 20 天左右,待基部侧枝长大后再次收割上市。

四、小白菜大棚设施周年栽培技术要点

1. 品种选择与播种期

(1)品种选择。小白菜与白菜相似,可分为春季小白菜、夏季小白菜、秋冬小白菜 3 种类型,品种选择的原则与各季适栽品种也与白菜基本类同。详见本书第十一章第一节白菜栽培的品种选择。

（2）播栽期。由于小白菜实施设施栽培，温光条件可以人为调控，其播栽期与露地白菜栽培比较，有明显不同，可以早种迟收，如春季小白菜，大菜可在头年10月上旬至11月份中旬播种，翌年春采收；菜秧在当年1月下旬至4月下旬播种，经40～50天采收。夏季小白菜，一般从5月下旬至8月上旬分批播种，播种20～30天采收。秋冬小白菜，一般从7月中下旬至10月播种，早播的定植后30天可采收，迟播的50～80天采收。

2. 播种育苗

（1）播栽方式与播种量。小白菜直播和育苗移栽均可，春小白菜、夏小白菜以直播为主，秋冬小白菜以育苗移栽为主，也可直播。直播每亩播种量300～500克，育苗移栽每亩播种量150～200克，苗床与大田的比例是1∶（8～10）播前浇足底水，均匀撒播，播后覆盖遮阳网。根据天气和生长情况及时揭盖遮阳网。

（2）育苗技术。出苗后应及时间苗，在幼苗开始"拉十字"是进行第一次间苗，宜早不宜迟，间过去密的小苗株距3～4厘米，当长出4～5片真叶时进行第2次间苗，除弱苗，病苗，株距6～8厘米。在间苗的同时拔除杂草。

3. 田间管理（图11-4）

（1）追肥。小白菜生长期短，在种植前必须施足基肥，追肥一般以速效肥为主。具3～4片真叶时每亩喷施0.2%尿素或氨基酸叶面复合肥喷施。小白菜定植后结合浇水追施速效氮肥3～4次，由淡到浓，每亩追施肥总量为尿素15～20千克。生长期不得施用人畜粪肥，采收前7～10天控制施肥。

（2）水分管理。小白菜生长期间保持土壤湿润，过干及时浇水。根据栽培季节控制浇水量，低温季节应少浇水，浇水宜在中午前后进行。高温季节浇水宜在早晚进行。多雨季节，要及时清沟排水。

图11-4　小白菜大棚设施栽培

（3）其他管理。冬春低温天气及时关闭大棚膜进行保温栽培；夏秋高温季节保留大棚天膜，撤去围裙膜和棚头膜，安装防虫网进行全程防虫网覆盖栽培，尽可能减少虫害发生。平时，多通风以降低棚内空气湿度，减少病害发生。化学除草和人工除草相结合，做到"除早、除小、除了"，防止草荒。

4. 常见病虫害

小白菜主要病害有霜霉病、病毒病、软腐病和黑斑病。虫害有蚜虫、黄曲条跳甲、菜青虫、小菜蛾、斜纹夜蛾等。要在优先采用农业防治的基础上，协调运用物理、生物和化学防治来控制病虫害发生。化学防治时要选用对口农药适时防治，合理轮换和混用农药，严格遵守安全间隔期。

5. 采收

根据市场需求，分批采收。一般夏白菜播种后 20～30 天采收，秋冬白菜定植后 30~80 天采收，春白菜在抽薹前采收。

五、大棚芹菜夏秋栽培技术要点

1. 品种选择

芹菜分本芹(中国品种)和西芹两种,栽培品种以叶柄长、实心、纤维少、适应性强、既耐热又耐寒、冬性强、不易抽薹,抗病性强、产量高品质优的品种为佳。本芹可选择正大脆芹、上农玉芹、白沙黄心芹、津南实芹等;西芹可选择美国文图拉(美国西芹菜)、犹他、改良犹他及佛罗里达等(图11-5)。

图 11-5　芹菜

2. 播种育苗

(1)播种。芹菜可直播,也可育苗移栽,夏秋季则应以育苗移栽为主。一般播种期为6月初至7月上旬,具体可根据前茬采收结束时间而定。亩用种量0.6~0.8千克。夏秋栽培播种前种子需低温处理,将种子放置在20~25℃温水中浸12~16小时,清水搓洗种子,沥干后用纱布包裹置于5~10℃低温下处理24~48小时。然后用湿布覆盖在20℃左右温度下催芽。5~6天后胚芽露白即播种。播前一天苗床浇透水,均匀撒播后,覆土扫平。苗床喷施50%辛硫磷1 000倍液防地下害虫。覆盖两层遮阳网。

(2)苗期管理。出苗后揭除遮阳网,搭小拱棚并覆盖遮阳网。间苗2次,及时去除弱、病苗。随时挑除杂草;后期注意炼苗。注意苗期病害防治。

3. 定植

清洁田园,结合深翻,亩施充分腐熟的有机肥 3 000~4 000 千克加三元复合肥 20~30 千克。耙平后,按畦宽(连沟)1.5~2.0 米作畦。有条件的在棚内增设喷灌设施。一般在 7 月下旬至 8 月上旬定植,苗龄控制在 30~40 天。按行株距 12 厘米×10 厘米挖穴定植,每穴栽 2 株。阴天或晴天傍晚进行,大、小苗分开栽种。

4. 田间管理

(1)温湿度管理。定植后用遮阳网覆盖 5~7 天;成活后日盖晚揭,直至采收。当白天气温降到 10℃ 左右、夜间气温度低于 5℃ 时及时覆盖棚膜保温,保持棚内温度为 16~20℃,空气湿度 80%,土壤湿度 80%~90%。

(2)肥水管理。定植缓苗后每亩浇施尿素 5 千克,隔 7~10 天再施一次。苗高 15 厘米后,亩施尿素 10~15 千克,后可视生长情况而定。为防止叶梗开裂和烂心,在生长后期叶面喷施 0.5% 尿素液加 0.2%~0.3% 磷酸二氢钾加 0.1% 硼酸 2~3 次。视天气情况早晚浇水,保持土壤湿润。进入茎叶旺盛生长期,以浇水降温为主。

(3)植株生长的化学调控。在定植后一个月进入旺盛生长期,心叶直立向上时,叶面喷施浓度为 20 毫克/千克的赤霉素,半个月后再喷一次。采收前 10 天停止使用。喷施期间,必须加强肥水管理,防止出现空心。

5. 病虫害防治

芹菜的主要病害为斑枯病和斑点病,其次还有叶斑病和茎裂病;主要虫害为蚜虫等。要在优先采用农业防治的基础上,协调运用物理、生物和化学防治来控制病虫害发生。化学防治时要选用对口农药适时防治,合理轮换和混用农药,严格遵守安全间隔期。

6. 收获

芹菜以叶柄为主要食用器官,一般定植后 45 天即芹菜株高

25 厘米 以上即可开始采收,具体可根据市场需求灵活掌握。芹菜采收时期不宜过早,但也不能太晚,以免品质下降。夏秋芹菜一般在 8 月下旬至 10 月,整株一次采收。

第二节　甘蓝类蔬菜栽培技术

一、青花菜栽培技术要点

1. 品种选择

应选择抗病性、商品性等综合性状优良,符合市场需求的品种。早熟类型如炎秀等,中熟类型如耐寒优秀、绿雄 90、申绿等,晚熟类型如绿雄 95、喜鹊等(图 11-6)。

图 11-6　青花菜

2. 栽培季节

早熟品种适播期为 7 月中旬至 8 月初,定植期为 8 月中旬至 9 月初,采收期为 10 月中旬至 11 月上旬;中熟品种适播期为 7 月底至 8 月中旬,定植期为 8 月底至 9 月中旬,采收期为 11 月中旬至 12 月中旬;晚熟品种适播期为 8 月下旬至 9 月中旬,定植期为 9 月底至 10 月下旬,采收期为 1 月下旬至 2 月下旬。

3. 播种育苗

根据栽培条件和要求,可选用穴盘育苗和常规育苗等。

(1)穴盘育苗。每亩大田需净苗床5.4平方米。选用128孔或72孔穴盘,湿润基质装盘,刮平盘面,盘底压面,形成0.5厘米深播种孔。每亩大田需要种子12~15克,用播种机或人工播种,一孔一粒,播后蛭石盖籽至穴面平。穴盘移入苗床,横向摆放,浇透水,平铺2~4层遮阳网。出苗后及时揭去遮阳网,搭小拱棚覆盖防虫网。高温干旱时,防虫网上覆盖遮阳网。高温干旱季节,早晚在网上各浇透一次水;平时晴天早上浇透水,阴雨天控制浇水。定植前7天揭网炼苗,并控制浇水;定植前3~5天施一次1%尿素液,定植前1~2天浇透水。

(2)常规育苗。选择地势高、排灌方便、病虫源少的田块作苗床,每亩大田需苗床:假植育苗播种床8平方米,假植床40平方米,直播育苗30平方米。播种前20~30天翻耕,每亩苗床施腐熟畜禽肥1 000千克或三元复合肥(15-15-15)20千克。精深翻耕,作1.2米宽高畦。播种前浇足底水。每亩大田用种量15~20克,播种盖薄细土后平铺2~3层遮阳网。覆盖物管理同穴盘育苗。苗期一般不施肥,定植5~7天揭网炼苗,控制浇水,定植前3~5天浇一次1%尿素液,定植前1天浇透苗床。

4. 整地与定植

定植前10~15天翻耕,每亩施商品有机肥200~300千克、尿素10千克、过磷酸钙30千克、硼砂1.0~2.0千克。整地作深沟高畦,畦宽连沟1.8~2.0米。宜在下午15时后或阴天进行,大小苗分开,定植后浇0.3%三元复合肥液。行株距因品种而异,每亩密度早熟品种2 400~2 600株、中熟品种2 200~2 400株、晚熟品种2 000~2 200株。

5. 大田管理

(1)追肥。追肥因品种而异,早中熟品种施2次,晚熟品种施3次。第一次在定植后10~15天,每亩施尿素8~10千克;第二次在莲座期,每亩施三元复合肥 20~30 千克,并喷施 10% 液体硼肥 600 倍液 2 次。晚熟品种在花球直径 3~5 厘米时施第三次肥料,每亩施尿素 20 千克。

(2)水分。晴天定植后 2~3 天浇一次水,成活后控制浇水,生长前期保持土壤干干湿湿。花球期保持土壤湿润。采收前 7 天控制浇水。

(3)其他管理。封行前要进行中耕培土,防止肥料流失和植株倒伏。要注意重点做好叶片发白、花茎空洞、花球黄蕾、花球焦头等不良现象的控制。

6. 病虫害防治

青花菜主要病害有霜霉病、黑斑病、黑腐病;主要虫害有菜青虫、菜蚜、甜菜夜蛾、小菜蛾、斜纹夜蛾等,要及时做好防治工作(表 11-2)。

要在优先采用农业防治的基础上,协调运用物理、生物和化学防治来控制病虫害发生。化学防治时要选用对口农药适时防治,合理轮换和混用农药,严格遵守安全间隔期。

表 11-2 主要病虫害防治药剂

病虫害名称	药剂通用名	含量及剂型	有效成分用量或浓度(克/亩)	使用方法
霜霉病	三乙膦酸铝	40% 可湿性粉剂	94~188	喷雾
菜青虫	苏云金杆菌	16 000IU/毫克可湿性粉剂	25~50	喷雾
	阿维菌素	1.8% 乳油	0.54~0.72	喷雾
菜蚜	高效氯氰菊酯	4.5% 乳油	0.2~1.2	喷雾
甜菜夜蛾	甲氨基阿维菌素苯甲酸盐	2% 可溶粒剂	0.15~0.2	喷雾
	虫酰肼	10% 悬浮剂	10~12	喷雾
小菜蛾	苏云金杆菌	16 000IU/毫克可湿性粉剂	50~75	喷雾
	阿维菌素	1.8% 乳油	0.54~0.72	喷雾

（续表）

病虫害名称	药剂通用名	含量及剂型	有效成分用量或浓度（克/亩）	使用方法
斜纹夜蛾	溴氰菊酯	25 克/升乳油	0.5~1.0	喷雾
	高氯·甲维盐	2%微乳剂	0.8~1.2	喷雾

7. 采收

当花球大小达到收购标准时采收，采收应分期分批进行，晴热天一般在上午9时前结束采收。

二、花椰菜栽培技术要点

1. 品种选择

花椰菜有紧花型和松花型两种类型，目前育种目标和市场推广的主要以松花型为主体。可供推广的品种主要有抗病性、商品性等综合性状优良的早熟品种瑞雪2号、东方明珠50天、庆农65、松花65天等；中熟品种宜选择瑞雪特大80天、庆农85、真美90天、浙017等；晚熟品种宜选择一代金光120天、鑫盛140天、浙091等（图11-7）。

图11-7　浙017花椰菜

2. 栽培季节

早熟品种播种适期为6月中旬至7月初，定植期为7月中旬至8月初,采收期为9月下旬至11月上旬;中熟品种播种适期为7月上旬至8月初,定植期为8月上旬至9月初,采收期为11月上旬至翌年1月上旬;晚熟品种播种适期为8月上旬至8月下旬,定植期为9月上旬至10月上旬,采收期为12月底至翌年3月下旬。

3. 播种育苗

根据栽培条件和要求,育苗方式一般可选用穴盘育苗和常规育苗。

(1)穴盘育苗。每亩大田需净苗床8.4平方米,床面整平拍实。选用72孔或128孔穴盘30~35只,基质装盘,刮平盘面,用育苗盘底压面,形成0.5厘米深播种孔。每亩大田需要种子10~15克,机械或人工播种,一孔一粒,播后蛭石盖籽至穴面平。穴盘移入苗床,横向摆放,浇透水,平铺2~3层遮阳网。出苗后及时揭去遮阳网,搭小拱棚,上盖防虫网。高温干旱,防虫网上覆盖遮阳网。高温干旱时期,早晚各浇透一次水;晴天早上浇透水;阴雨天控制浇水。定植前7天揭网炼苗,并控制浇水。定植前3~5天施一次1%尿素液,定植前1~2天浇透水,起苗前浇透水。

(2)常规育苗。选择地势高、排灌方便、病虫源少、前作为非十字花科作物的田块作苗床,每亩大田需苗床:直播育苗30平方米,假植育苗播种床8平方米、假植床40平方米。播种前20~30天翻耕,每亩苗床施商品有机肥200~250千克或48%三元复合肥(15-15-15)20千克。苗床畦净宽1.3米。播种前浇足底水。大田每亩用种量15~20克,播种盖籽后平铺2~3层遮阳网,以提高出苗率。苗期一般不施肥,若苗势弱,浇施0.2%尿素液。其他管理同穴盘育苗。

4. 整地定植

定植前7~10天,结合翻耕,每亩施商品有机肥200~250千克+尿素20~30千克+过磷酸钙30~50千克+硼砂1~2千克,或三元复合肥30~40千克+硼砂1~2千克。整地深沟高畦,畦宽连沟1.8~2.0米。穴盘苗3.5~4.0叶、常规苗5~7叶时定植,宜在下午 15 时后或阴天进行,大小苗分开定植。每亩定植密度因品种而异,早熟品种 2 200~2 400株、中熟品种 2 000~2 200株、晚熟品种 1 800~2 000株。

5. 肥水管理

(1)追肥。早熟品种一般追肥 1~2 次,缓苗期施用尿素 5~10千克,心叶扭曲期施用 45%三元复合肥 15~20 千克;中晚熟品种追肥 3~5 次,分别在缓苗期、生长前期、心叶扭曲期、蕾期和花球膨大前中期,每亩总追肥量尿素 20~30 千克、三元复合肥 20~30千克、钾肥 10 千克,其中蕾期追肥量占总追肥量的 40%。莲座期至现蕾初期喷施 10%液体硼肥 600 倍液 2 次。

(2)水分。夏秋高温少雨季节,除浇足定根肥水外,定植后 2~3 天再浇一次水,成活后结合施肥浇水,保持土壤干干湿湿,雨天及时排水。

(3)其他管理。生长前期中耕除草 1~2 次。在花球露出心叶时,折外叶覆盖花球,覆盖叶发黄时换取新叶重新覆盖。晚熟品种遇霜冻天气,用稻草束叶保护花球。

6. 病虫草害防治

花椰菜主要病虫草害有霜霉病、菜青虫、菜蚜、甜菜夜蛾、小菜蛾、斜纹夜蛾、一年生禾本科杂草,要及时抓好防治工作(表 11-3)。

表 11-3　主要病虫草害防治药剂

病虫害名称	通用名	含量及剂型	有效成分用量或浓度(克/亩)	使用方法
霜霉病	嘧菌酯	250 克/升悬浮剂	150~180	喷雾
	精甲霜·锰锌	68%水分散粒剂	68~88.4	喷雾
菜青虫	苏云金杆菌	16 000IU/毫克可湿性粉剂	25~50	喷雾
	阿维菌素	1.8%乳油	0.54~0.72	喷雾
菜蚜	高效氯氰菊酯	4.5%乳油	0.2~1.2	喷雾

（续表）

病虫害名称	通用名	含量及剂型	有效成分用量或浓度（克/亩）	使用方法
甜菜夜蛾	甲氨基阿维菌苯甲基酸盐	2%可溶粒剂	0.15~0.2	喷雾
	虫酰肼	10%悬浮剂	10~12	喷雾
小菜蛾	苏云金杆菌	16 000IU/毫克可湿性粉剂	50~75	喷雾
斜纹夜蛾	氯虫苯甲酰胺	5%悬浮剂	2.25~2.7	喷雾
一年生禾本科杂草	精噁唑禾草灵	69克/升水乳剂	3.45~4.14	喷雾

7. 采收

花椰菜花球充分肥大,圆正突出,基部花枝略有松散,边缘花枝尚未开散时采收。以晴天早上采收为宜。

三、结球甘蓝栽培技术要点

结球甘蓝通称甘蓝(图11-8),又名包心菜、卷心菜、洋白菜、圆白菜等,各地普遍栽培。

图11-8　结球甘蓝

1. 品种选择

应选用抗病性、商品性等综合性状优良,符合市场需求的品种。春甘蓝可选择冬性强、耐抽薹、生育期短、商品性好的早熟品种,如中甘 21、争春、京丰一号、珍宝等;夏甘蓝可选择抗病性强、结球紧实、耐热、耐涝、生育期短的品种,如浙丰一号、中甘 9 号、浙甘 85、太阳、强力 50 等;秋冬甘蓝可选择优质高产、耐贮藏、苗期耐高温和成熟后期耐低温的中晚熟品种,如冠王、甬冠 90、湖月、紫阳、紫甘 2 号、七草等。

2. 播种期

根据品种特性,选择适宜的播种期。一般春甘蓝 9 月下旬至 11 月上旬播种,夏甘蓝 5 月上旬至 6 月上旬播种,秋冬甘蓝 7 月中旬至 8 月下旬播种。

3. 育苗

主要有常规育苗和穴盘育苗两种。

(1)常规育苗。选择地势高、排灌方便、前作为非十字花科作物的田块。每亩大田用种量 30～50 克。每亩苗床施用商品有机肥 150 千克或三元复合肥 10～20 千克,精深翻耕、作畦宽连沟 1.2 米高畦。均匀播种,播后盖细土,根据播种季节选择遮阳网、薄膜等覆盖物。出苗 60%～70% 时揭去畦面覆盖物,搭建小拱棚遮阳或保温育苗;幼苗 2～3 叶时定苗,每平方米留苗 150 株左右;适时追肥和浇水,定植前 7～10 天控水炼苗。

(2)穴盘育苗。选择地势高燥、排灌通畅田块作苗床,每亩大田需苗床 10～15 平方米。选用 128 孔或 72 孔穴盘和适用基质装盘,刮平盘面,盘底压面,形成播种孔;机械或人工播种,1 孔 1 粒,蛭石盖面,穴盘移入苗床,摆放整齐,浇透水,平铺覆盖物。拱棚搭建和覆盖物同常规。及时浇水,保持盘内基质湿润。幼苗 1 叶 1 心时喷施 1% 尿素液,2 叶 1 心时喷施一次 1% 三元复合肥液。

4. 定植

清理前茬,深翻、整地、作畦。畦宽连沟 1.8 米或 1.2 米。根据栽培季节、品种特性和土壤肥力等确定定植密度,一般每亩早熟品种 4 000~4 500 株,中熟品种 3 000~3 500 株,晚熟品种 2 200~2 400 株。高温季节,宜选择阴天或晴天傍晚定植。定植后浇定根水。

5. 田间管理

(1)施肥。①春甘蓝:定植前 10 天,结合深翻,每亩施商品有机肥 200~250 千克和三元复合肥 30~40 千克作基肥。一般追肥 2 次,第一次在定植后 15 天,每亩施用尿素 10~15 千克,并用 0.2%的硼砂溶液叶面喷施 1~2 次;第二次在开始包心时每亩施三元复合肥 20~30 千克,同时叶面喷施 0.2%的磷酸二氢钾溶液 1~2 次。②夏甘蓝:定植前 10 天,结合深翻每亩施商品有机肥 200~250 千克和三元复合肥 20~30 千克作基肥。一般追肥 1~2 次,第一次在定植后 15 天,结合浇水每亩施用尿素 10~15 千克;第二次在莲座期,每次每亩施三元复合肥 15~20 千克。③秋冬甘蓝:定植前 10 天,结合深翻每亩施商品有机肥 200~250 千克和三元复合肥 25~30 千克作基肥。一般追肥 3 次,第一次在生长前期,每亩施尿素 5 千克;第二次在莲座期,每亩施三元复合肥 20~25 千克;第三次在结球期,每亩施尿素 10 千克;结球始期结合病虫防治叶面喷施 0.2%磷酸二氢钾溶液 1~2 次。

(2)水分管理。缓苗前保持土壤湿润,雨后应及时排除田间积水;干旱季节及时补充水分。成熟前 7~10 天控制水分。

(3)中耕。定植后,当畦面出现板结或有杂草时中耕除草,以后酌情再中耕 1~2 次。

6. 病虫草害防治

结球甘蓝主要病虫害有霜霉病、蚜虫、小菜蛾、菜青虫、甜菜夜蛾、斜纹夜蛾、白粉虱等。要根据结球甘蓝病虫害发生规律,以农业防治为基础,因时因地合理运用生物、物理和化学等手段,经济、安全、有效地控制病虫的危害(表 11-4)。化学防治选用结球甘蓝上登记的农药或当地农业主管部门推荐的农药。合理轮换和混用农药,严格遵守安全间隔期。

表 11-4　主要病虫草害药剂防治方法

病虫害名称	通用名	含量及剂型	有效成分用量或浓度(克/亩)	使用方法
霜霉病	三乙膦酸铝	40% 可湿性粉剂	94~188	喷雾
蚜虫	氯氰·吡虫啉	5% 乳油	1.5~2.5	喷雾
	啶虫脒	10% 可湿性粉剂	0.8~1	喷雾
小菜蛾、菜青虫	苏云金杆菌	15 000IU/毫克湿性粉剂	25~46.7	喷雾
	阿维菌素	1.8% 乳油	0.54~0.72	喷雾
甜菜夜蛾、斜纹夜蛾	甲氨基阿维菌素甲维盐	2% 微乳剂	0.1~0.14	喷雾
	甲维·虫酰肼	25% 悬浮剂	10~15	喷雾
白粉虱	氯氰·吡虫啉	33% 水分散粒剂	2.31~2.64	喷雾
	啶虫·辛硫磷	21% 乳油	8.4~12.6	喷雾
一年生杂草	二甲戊灵	330 克/升乳油	33~49.5	土壤喷雾

7. 采收

在叶球大小定型,紧实度达到八成以上,视市场需求情况在裂球前适时采收。

第三节　芥菜类蔬菜栽培技术

芥菜是中国著名的特产蔬菜,原产中国,为全国各地栽培的常用蔬菜。芥菜分叶用芥菜、茎用芥菜和根用芥菜三类。

一、榨菜栽培技术要点

榨菜为茎用芥菜,又名青菜头、菜头。以膨大的茎供食用,其加工成品称为榨菜,原产我国,是中国名特产品之一。

1. 品种选择

选择适应性广、耐肥性好、抗逆性强、抽薹迟、空心率低、丰产性好的品种,如余缩 1 号、甬榨 2 号、浙桐 1 号、浙丰 3 号等。

2. 播种育苗

9 月底 10 月初为春榨菜播种适期,每亩用种量约 0.4 千克。播种前亩施腐熟农家肥 1 000~1 500千克、过磷酸钙 15~20 千克作基肥。同时,用 40%辛硫磷乳油 1 000倍液喷洒畦面防治地下害虫。晴天或阴天下午播种,遮阳网覆盖。出苗后及时揭去遮阳网,搭建小拱棚,全程覆盖防虫网。幼苗 2 片真叶后及时间苗。保持床土湿润,移栽前 3 天浇施起身肥,亩施用尿素 2 千克,移栽前 1 天苗地浇透水。

3. 整地施基肥

灾后及时清洁田园,每亩施商品有机肥 200~300 千克,深翻土壤。定植前 3 天,畦面上撒施三元复合肥 30~40 千克,精细整地作高畦,一般畦宽 1.5 米(连沟)。

4. 定植

以 11 月上中旬定植为宜。一般行距 20~25 厘米、株距 12~14 厘米,每亩栽 2 万株。

5. 大田管理

一般追肥 3 次。第一次在缓苗后,每亩浇施尿素 4~5 千克;第二次在瘤茎膨大初期(1 月下旬),每亩用碳酸氢铵 25 千克加过磷酸钙 20 千克加氯化钾 5 千克或等养分三元复合肥对水浇施或行间条施;第三次在瘤茎膨大盛期(2 月下旬),每亩用尿素 25 千克加氯化钾 12.5 千克浇施。后视田间长势适量补追促平衡。同时,可用 0.3% 磷酸二氢钾等进行叶面追肥 1~2 次。移栽后若遇长期干旱,及时灌水抗旱;生长季节若雨水较多时,及时开沟排水。

6. 病虫草害防治

榨菜主要病虫害有病毒病、白锈病、黑斑病、烟粉虱、蚜虫等,要及时做好防治工作。杂草防除宜采用人工除草。鉴于目前在榨菜上尚未有农药登记,建议选用十字花科蔬菜上登记的农药或农业主管部门推荐的农药。

7. 采收

4 月初始收,4 月中旬终收。此时榨菜叶片由绿转黄、瘤茎已充分膨大。如采收过早产量低、含水量高;采收过迟纤维发达、空心率增多,品质下降。

二、雪菜栽培技术要点

雪菜别名雪里蕻、香青菜,是芥菜中分蘖芥的一个变种(图11-9)。

图 11-9　雪菜

1. 栽培季节

冬雪菜一般 8 月播种育苗,9 月定植,11 月下旬至 12 月收获。春雪菜一般 10 月上旬播种育苗,11 月中旬定植,3 月下旬至 4 月上中旬收获。

2. 品种选择

雪菜按叶形区分,可分为板叶形、细叶形、花叶形三类,目前宁波地区及省内主要推广品种有鄞雪 18-2 号、鄞雪 361、甬雪 4 号、上海金丝菜等。这些品种分蘖能力强、产量高、品质优、抗病、抗逆性较强。

3. 播种育苗

苗床选择土壤肥沃、地势高燥、排灌良好、2~3 年内未种过十字花科作物的田块。结合深翻每亩苗床施商品有机肥 150~200千克和过磷酸钙 15~20 千克，做成 1.2~1.5 米高畦。播种前浇足底水后均匀撒播，细土盖籽，上盖一层遮阳网。每亩苗床播种量为0.2~0.3 千克。出苗后及时揭除覆盖物。适时浇水，保持床土湿润。间苗 2~3 次，保持苗距 6~7 厘米。做好蚜虫防治，雨后及时防病。

4. 定植

定植前 7~10 天结合深翻施入基肥，冬雪菜每亩施用商品有机肥 150~200 千克、复合肥（15-15-15）20~25 千克；春雪菜每亩施用商品有机肥 150~200 千克、过磷酸钙 15~20 千克、复合肥15~20 千克。整地作高畦，畦宽 1.2~1.5 米（连沟）。幼苗 5~6片真叶时定植。一般冬雪菜定植行距 40~50 厘米、株距 20~25 厘米，每亩栽种 6 500~7 500 株；春雪菜定植行距 40~50 厘米、株距24~27 厘米，每亩栽种 5 500~6 000 株。

5. 大田管理

栽后 5~7 天进行田间查苗补苗。封行前 10~15 天中耕 1 次，及时松土除杂草。

冬雪菜活棵后 10 天左右进行第 1 次追肥，每亩用碳酸氢铵15~20 千克和过磷酸钙 15~20 千克对水浇施，11 月初进行第 2 次追肥，一般每亩用复合肥 20~25 千克开沟条施。如遇持续天气干旱应于傍晚时在畦沟中灌水。

春雪菜 12 月下旬进行第 1 次追肥，每亩施用复合肥 25~30千克或碳酸氢铵 30~40 千克和氯化钾 10 千克；2 月上中旬进行第 2 次追肥，每亩施用复合肥 15~20 千克或碳酸氢铵 25~30 千克和硫酸钾 10 千克。春季遇多雨天气应及时排水。

6. 病虫害防治

危害雪菜的主要病害是病毒病。防治雪菜病毒病的主要对策,一是种植强抗病毒病或强耐病毒病的品种;二是要采取农业综合防治技术,特别是苗期要防治好蚜虫等虫害。雪菜主要虫害有蚜虫、小菜蛾、黄条跳甲、蜗牛等,防治措施应以农业防治为基础,辅以物理防治和生物防治,化学防治可适时选用低毒低残留农药(表11-5)。化学药剂可选择在十字花科蔬菜登记的农药防治病虫害。

表11-5   雪菜其他主要病虫害的化学防治药剂

防治对象	通用名	含量及剂型	每亩每次使用量(有效成分)	施用方法
霜霉病	三乙膦酸铝	40%可湿性粉剂	94~188 克	喷雾
蚜虫	吡虫啉	10%可湿性粉剂	1~2 克	喷雾
	啶虫脒	5%可湿性粉剂	0.9~1.5 克	喷雾
小菜蛾	阿维菌素	18 克/升乳油	0.6~0.9 克	喷雾
	苏云金杆菌	16 000IU/毫克可湿性粉剂	50~75 克	喷雾
黄条跳甲	溴氰菊酯	25 克/升乳油	0.5~1 克	喷雾
	马拉硫磷	45%乳油	40.5~49.5 克	喷雾
蜗牛	四聚乙醛	6%颗粒剂	30~42 克	撒施

7. 采收

株形完整未抽薹,蕻与叶相平时晴天采收。

三、高菜栽培技术要点

高菜属芥菜,是四川的宽柄大叶芥,引进到日本后经过改良选育而成。高菜分青高菜和红高菜两类。

1. 品种选择

目前可供大面积推广的高菜品种主要有三池赤缩缅高菜、青高菜和甬高 2 号(图11-10)。

图 11-10　甬高 2 号高菜

2. 播种育苗

（1）选好、整好苗床。高菜育苗移栽的苗床应选近年未种过十字花科蔬菜，地势高燥，排水良好，土壤肥沃、结构好，便于起苗带土移栽的沙壤土田块。提倡利用水稻田育苗。

苗床应事先（最好在夏季）翻耕晒白，播种前 7~10 天结合整地，亩施腐熟厩肥 3 000 千克，加三元复合肥 5 千克作底肥或全层深施 25 千克复合肥。苗床畦宽 1.0 米，深沟高畦，苗床土下粗上细，畦面平、光滑。苗床与种植大田比例为 1∶20。

播种前进行苗床消毒，选用 25% 雷多米尔 500 倍加 48% 乐斯本 800 倍液喷洒苗床，消毒灭菌杀灭地下害虫。为减少育苗期间的杂草危害，同时降低生产成本，可选用安全性好，杀草谱广的旱地除草剂都尔，剂量为 70% 都尔乳油 20 毫升，加水 15 千克，在播前进行苗床畦面封杀，浇水湿透苗床，可确保育苗期间无杂草危害。

（2）播种育苗。10 月上中旬播种,亩播种量按大田面积 10 克/亩计算。播种时细播匀播,播后用 50%多菌灵 600~800 倍液浇 1 次压种水,防止苗期病害。出苗后注意浇水保湿,2 叶期后及时间苗,施 1~2 次 0.5%的尿素或 0.5%三元复合肥液,或 10%~15%沼气液肥提苗。间苗 1~2 次,苗距 6~10 厘米。期间及时防治蚜虫。

3. 移栽

11 月上中旬以幼苗 5 片、6 片真叶,秧苗期为 30 天左右时移栽为宜。每畦栽 2 行,株距 32~35 厘米或 50 厘米×40 厘米,亩栽 2 500~3 200 株。

4. 田间管理

（1）追肥。要求施好 3 次促长肥,年内施好壮苗肥,促进生长;移栽成活后施第一次追肥,用复合肥 5 千克/亩浇施或配成 0.5%~0.7%尿素与 0.5%~0.7%三元复合肥液每株浇 0.3 千克;12 月下旬封行前施第二次追肥,这次肥料以有机肥为主,增施磷钾肥,促苗健壮生长,增强抗寒力。亩施腐熟厩肥 2 000 千克或三元复合肥 15 千克,加氯化钾 5 千克。第三次追肥是促产肥,2 月中旬气温回升后,高菜进入旺长阶段施用,以速效肥为主,亩施三元复合肥 10~15 千克、氯化钾 5 千克,或尿素 25 千克。采收前 20~25 天停止施肥,防止硝酸盐含量超标。

（2）水分管理。选用无污染江河水与水库水浇灌。如生长前期雨水偏少,应结合追肥适当浇水;如生长中后期雨水偏多,注意清沟排水,做到雨停无积水。

5. 病虫害防治

参照雪菜病虫害防治。

6. 采收

3 月 20 日左右,当高菜薹高 5~7 厘米时,按高菜的出口收购标准,选晴天收割,除去病叶黄叶,就地晒蔫,捆把运输至加工厂。

四、包心芥菜栽培技术要点

包心芥菜(图 11-11)又称为大肉芥菜、大芥菜、水成菜,以叶球和叶片为食用部位。目前,包心芥菜在余姚、慈溪滨海区域种植面积已达 1 万多亩。

图 11-11　包心芥菜

1. 品种选择

包心芥菜品种较多,主要品种有蔡兴利大坪大肉包心芥、11号大坪大肉包心芥、大坪埔大肉包心芥、农芥一号等。

2. 播种育苗

(1)播种。包心芥菜可直播也可育苗移栽,生产上大多采用育苗移栽。清理苗床,精细整地。结合整地亩施商品有机肥 200～300 千克加过磷酸钙 25 千克作基肥。用辛硫磷防治地下害虫。选择通过休眠的种子进行播种。宁波地区包心芥菜的播种适期以 7 月下旬为好,最适期为 7 月 25 日前后。一般每亩大田用种量 25

克左右。播种前苗床浇足底水,播种后上覆细土,保持土壤湿润,再平铺遮阳网,以保湿降温防暴雨冲刷苗床。

(2)苗期管理。出苗后及时揭去遮阳网,改用小拱棚,上覆遮阳网,日揭夜盖。早晚浇水,保持苗床湿润。根据苗情及时用0.3%尿素液或复合肥液浇施追肥。及时间苗2~3次,去除劣苗、病苗。同时,选用对口药剂做好蚜虫、小菜蛾等害虫和相关病害的防治。

3. 定植

及时清洁田园,移栽前7~10天结合深翻施足基肥,每亩施充分腐熟有机肥1 000~1 500千克,或商品有机肥200千克加三元复合肥25~30千克。整地作高畦,畦宽(连沟)1.3~1.5米。一般苗龄控制在30天左右,当幼苗具5片左右真叶时适时定植,晴天傍晚或阴天进行。双行种植,畦宽1.3米的株距30厘米、畦宽1.5米的株距25厘米,每亩密度控制在3 500株左右。

4. 大田管理

(1)查苗补苗。定植时正值高温干旱季节,易出现僵苗、死苗,要及时查苗补缺,保证全苗。

(2)肥水管理。结合抗旱及时追肥,肥料由淡到浓。一般需追肥3次,第1次在还苗后,亩用碳酸氢铵和过磷酸钙各10千克对水浇施;第2次在前一次追肥后15天进行,亩用碳酸氢铵和过磷酸钙各20千克对水浇施;第3次在9月下旬、当包心率达到5%时进行,亩用三元复合肥40~50千克对水浇施。收获前20天停止追肥。

(3)其他管理。做好中耕除草、清沟理渠等工作,以防土壤板结、暴雨冲刷和雨后田间积水。

5. 病虫害防治

包心芥菜生长季节正值秋季,病虫害相对较多。主要病虫害有病毒病、软腐病、蚜虫、小菜蛾、夜蛾等。在优先采用农业防治的基础上,协调运用物理、生物和化学防治来控制病虫害发生。化学防治时要选用对口农药适时防治,合理轮换和混用农药,严格遵守安全间隔期。防治药剂可参照雪菜病虫害防治。

6. 收获

一般 10 月下旬,当叶球紧实,外叶稍黄时即可进行收获,或根据加工企业要求及时进行收获。

第四节 茄果类蔬菜栽培技术

茄果类蔬菜是指以果实为食用部分的茄科蔬菜,包括番茄、辣椒、茄子。

一、茄子栽培技术要点

1. 品种选择

适宜早春早熟栽培的品种有浙茄 28、浙茄 3 号、引茄 1 号、杭丰 1 号、宁波藤茄等;适于夏秋高温栽培的品种有杭茄 3 号等。这些品种的丰产性好、抗逆性强、商品性佳(图 11-12)。

图 11-12 茄子

2. 播种育苗

(1)播种期。茄子春早熟栽培 9 月下旬至 11 月中下旬播种,长季栽培 6 月中旬至 7 月下旬播种,平原露地栽培 2 月下旬播种,高山露地栽培 3 月下旬播种。

（2）播种。选择土壤肥沃，地势高燥，排水通畅，且3年以上未栽培过茄科作物的地块作苗床。播种前先晒种1~2天。用55℃温水浸种约15分钟，并不断搅拌并补充热水保持恒温，再在25~30℃水中浸5~7小时，直接播种或置于28~30℃条件下催芽，当70%以上种子露白时播种。包衣种子一般无需处理。每亩大田用种量15~20克。

常规育苗的在1个月前准备好营养土。播种前苗床铺3~5厘米厚的营养土，浇足底水，种子均匀撒播，播后覆0.5厘米厚营养土，晚秋至早春要平铺一层薄膜，并覆盖小拱棚膜；夏秋播覆盖遮阳网。穴盘育苗的，选用50孔或72孔规格穴盘，播种前用蔬菜育苗专用基质装盘，机械或人工播种，1孔1粒，播后蛭石或基质盖籽，然后移入苗床，摆放整齐，浇透底水。

（3）苗期管理。出苗前白天棚内温度保持在25~30℃，夜间18℃左右；当幼苗30%出土后及时揭去地膜等覆盖物，适时揭小拱棚通风降温降湿，白天保持25~30℃，夜间15~18℃，若温度达不到要求，需及时加盖内棚膜和小拱棚膜，夜间在拱棚外加盖无纺布、遮阳网等覆盖物保温。及时浇水，保持床土或基质湿润。结合浇水在幼苗2叶1心时可浇施一次0.3%三元复合肥溶液。穴盘育苗尤其要注意苗床边缘秧苗的补水。

常规育苗的应在幼苗2~3片真叶时，选用直径8~10厘米的营养钵进行假植，1钵1株，或直接假植于苗床，保持株行距10厘米×10厘米。冬春育苗的在定植前1周开始通风降温炼苗，提高秧苗抗逆性。请注意做好苗期猝倒病、立枯病、蚜虫、红蜘蛛、烟粉虱等病虫害防治。

3. 移栽

及时清洁田园，结合翻耕每亩施商品有机肥300~400千克、三元复合肥40~50千克作基肥。按畦宽1.5米（连沟）作畦，冬春季栽培全程覆盖地膜，夏秋栽培在棚膜上加盖遮阳网。提倡采用膜下滴灌技术。春早熟栽培一般在11月中旬至翌年2月中旬定

植,长季栽培一般在 7 月中下旬至 8 月上旬,平原露地栽培一般在
4 月份,高山露地栽培一般在 5 月上中旬。定植密度根据品种特
性、整枝方式、土壤肥力状况等综合考虑。每亩密度春(大棚)早
熟栽培一般 2 000~2 300 株,长季和露地栽培一般 1 800~2 000
株,株距 40~50 厘米。春早熟栽培晴天中午定植,定植后浇定根
水,搭小拱棚并盖膜保温保湿。长季和露地栽培选阴雨天或晴天
傍晚定植,开穴定苗覆土轻压浇足定根水,定植后搭建小拱棚覆盖
遮阳网。

4. 田间管理

(1)温湿度管理。春早熟栽培采用大棚套中棚加小拱棚和地
膜的四膜覆盖,白天棚内气温控制在 25℃ 左右,夜间保持 15℃ 以
上;棚内土壤温度维持在 15℃ 以上。长季栽培的,在秧苗成活前
应盖遮阳网,成活后若遇高温强光天气,中午覆盖遮阳网;9 月下
旬随着气温下降,大棚顶部可盖棚膜;10 月中旬后,当气温降到
15℃ 以下时,需围上大棚围膜,越冬期间保持棚内白天气温 25℃、
夜间 15℃ 左右;11 月中旬后,当夜间最低温度在 10℃ 以下时,应
在大棚内搭建中棚加强保温。大棚密封后,当棚内白天中午的温
度在 30℃ 以上时进行通风降温。

(2)光照管理。定植后至秧苗成活前,晴天上午 10 时到下午
15 时,中午强光时覆盖遮阳物,避免强光暴晒。春早熟栽培的,秧
苗成活后应尽量增加光照时间和光照强度;秋延后栽培的,生长前
期应适当控制光照强度。

(3)肥水管理。定植成活后 15 天第一次追肥,每亩施复合肥
5~10 千克;结果后再施追肥一次,每亩施复合肥 10~15 千克;以
后视植株长势适当施肥,每次每亩施复合肥 5~10 千克。定植后
浇定根水一次,缓苗期浇水一次,越冬期间保持适当干燥,结果盛
期要保证水分供应均匀,保持土壤湿润,田间最大持水量以保持在
60%~80% 为宜。

(4)植株调整。一般采用二杈整枝,只留主枝与第一档花下

第一叶腋的侧枝,其余所有的侧枝均要适时摘除。封行后,及时摘去下部老叶、黄叶、病叶和植株中过密的内膛叶。开花前采用防落素、坐果灵等植物生长调节剂喷花序点花保果。每档花序只留一朵长柱花,其余全部摘掉,及时摘除病果、畸形果、开裂果。

5. 病虫害防治

茄子主要病虫害有猝倒病、立枯病、灰霉病、黄萎病、红蜘蛛、蓟马等。要贯彻"预防为主,综合防治"的植保方针,运用农业、物理、生物、化学防治相结合的方法来控制病虫害发生(表11-6)。化学防治要选用对口农药适时防治,合理轮换和混用农药,严格遵守安全间隔期。

表11-6　茄子主要病虫害化学防治方法

防治对象	通用名	含量及剂型	用量(克/亩)	使用方法
猝倒病、立枯病	五氯·福美双	45% WP	0.21~0.27	土壤处理
灰霉病	硫磺多菌灵	50% WP	68.2~83.3	喷雾
蓟马	多杀霉素	2.5% SC	1.67~2.5	喷雾
红蜘蛛	多杀菌素	2.5% SC	1.67~2.5	喷雾
黄萎病	氯化苦	99.5% 液剂	19 500~29 850	注射法

6. 采收

冬春季茄子从开花到采收需18~22天,4月下旬后或秋季温度较高,果实生长速度较快,一般花后13~15天即可采收。春早熟栽培其采收期为次年1—6月,长季栽培的茄子,一般从9月下旬至12月采收。

二、番茄栽培技术要点

1. 品种选择

应选择优质、高产、抗病、抗逆性强、商品性好的品种。大中果型番茄可选择百泰、桃星、T-4120、百利等品种,樱桃番茄可选择千禧、金玉、京丹绿宝石、黄妃、金珠、浙樱粉1号等品种(图11-

13）。

图 11-13　番茄

2. 播 种 育 苗

大棚特早熟栽培在 9 月中旬至 10 月中旬播种,大棚早熟栽培在 10 月下旬至 11 月下旬播种,露地栽培在 2 月中下旬至 3 月中下旬播种。大中果型番茄每亩用种量 10～15 克、樱桃番茄 6～10 克。播前先晒种 1～2 天。在 55℃温水中浸种 15 分钟,并不断搅拌,然后在 25～30℃水中浸 4～5 小时后,直接播种或置于 28～30℃条件下催芽,当 70% 以上种子露白时播种。包衣种子无需处理。

育苗方式:

（1）穴盘育苗。选择地势高燥、排灌通畅的田块作苗床,床面整平拍实。选用 50 孔或 72 孔规格穴盘。播种前基质装盘,刮平盘面,用盘底按压表面,形成 1 厘米深播种孔,浇透底水。使用播种机或人工播种,1 孔 1 粒,蛭石或基质盖籽至穴盘表面平。然后将穴盘移入苗床,摆放整齐,平铺一层薄膜,并覆盖小拱棚膜。

（2）常规育苗。播种前 1 个月准备好营养土,按田土 70%、充分腐熟有机肥 30% 的比例配制,再加入营养土重量 0.1% 的三元复合肥。播前苗床浇足底水,种子均匀撒播苗床,播后盖土,然后平铺一层薄膜,并覆盖小拱棚膜。

3. 苗期管理

出苗前棚内温度白天保持在 25~30℃,夜间 18℃左右。当幼苗 30%出土后揭去地膜,揭小拱棚通风降温降湿,白天保持 25~30℃,夜间 15~18℃。幼苗 2 叶 1 心时浇一次 0.3%三元复合肥溶液。及时浇水,保持床土或基质湿润。

假植及假植后管理。常规育苗当幼苗 2~3 片真叶时进行假植。选用直径 8~10 厘米营养钵,幼苗移入营养体内,1 钵 1 株;或直接假植于苗床,保持株行距 1 厘米见方。选择冷尾暖头的晴天中午进行然后密闭棚膜。缓苗后管理同常规。

炼苗。定植前 1 周开始通风降温炼苗,逐步加大通风量。

4. 定植

及时清洁田园,定植前 30 天结合翻耕,每亩施商品有机肥 300~400 千克、三元复合肥 30~40 千克作基肥。按宽 1.2~1.5 米(连沟)作高畦。畦面整平覆盖地膜,膜下铺设滴灌带。一般大棚特早熟栽培 10 月中旬至 11 月中旬定植,大棚早熟栽培 12 月上旬至翌年 2 月下旬定植,露地栽培 4 月中下旬定植。定植密度根据品种特性、整枝方式、土壤肥力状况等综合考虑,一般采用双行定植,无限生长型品种每亩种植 1 800~2 200 株、有限生长型品种 3 000~3 500 株。

5. 田间管理

(1)温湿度管理。整个冬季及早春采用多层覆盖等保温措施,保证棚内最低温度在 5℃以上。缓苗前不通风,棚内保持较高的温度和湿度,白天保持棚温 25~28℃,夜间不低于 15℃,棚内湿度保持在 80%~90%。开花坐果期棚温白天 18~22℃,夜间不低于 10℃,湿度 60%~70%。结果期棚温白天 20~25℃,夜间 10~15℃,湿度 50%~60%。当棚内温度超过 25℃时及时通风,夜间气温稳定在 15℃以上时,可昼夜通风。

(2)肥水管理。大棚栽培的一般坐果前不追肥。第一次追肥在第三花序开花时进行,每亩施三元复合肥 15~20 千克;第二次和第三次追肥分别在第一穗果和第三穗果采收后进行,每亩分别施三元复合肥 10 千克。后根据植株长势,适当追肥。可结合防病治虫用 0.2%~0.4% 磷酸二氢钾溶液根外追肥。

　　露地栽培的在第一果穗坐果后结合浇水进行第一次追肥,每亩用三元复合肥 15 千克。第二穗果坐果后可进行第二次追肥,每亩用三元复合肥 15~20 千克。结果后保持土壤湿润,降雨后及时排除田间积水。

　　(3)植株管理。及时搭架,直立或斜向绑蔓。单秆或双秆整枝。及时摘除老叶、黄叶、病叶和多余侧枝。一般有限生长型番茄在留果 3~4 穗后摘心,无限生长型留果 6~8 穗后摘心。

　　(4)保花保果与疏花疏果。冬春季节,开花期间按规定浓度防落素喷花序。温度高时适当降低浓度。及早摘除小花、小果和非正常果,一般大中型番茄每穗留果 3~5 个,樱桃番茄每穗留果 10~15 个。

　　6. 病虫害防治

　　番茄主要病虫害有猝倒病、立枯病、早疫病、晚疫病、灰霉病、青枯病、病毒病、蚜虫、烟粉虱、根结线虫、美洲斑潜蝇等。要以农业防治为基础,辅以物理和生物防治(表11-7)。化学防治适时选用低毒低残留农药。

表 11-7　番茄主要病虫害防治药剂

防治对象	通用名	含量及剂型	有效成分使用量或浓度	使用方法
猝倒病 立枯病	哈茨木霉素	3 亿 CFU/克 可湿性粉剂	(4~6)克/平方米	灌根
	硫磺·敌磺钠	60% 可湿性粉剂	(3.6~6)克/平方米	毒土撒施于土壤
早疫病	异菌脲	50% 可湿性粉剂	(50~150)克/亩	喷雾
	苯醚甲环唑	10% 水分散粒剂	(6.7~10)克/亩	喷雾

（续表）

防治对象	通用名	含量及剂型	有效成分使用量或浓度	使用方法
晚疫病	丙森锌	70% 可湿性粉剂	（105~150）克/亩	喷雾
	多抗霉素	3% 可湿性粉剂	（10.7~18）克/亩	喷雾
	嘧菌酯	250 克/L 悬浮剂	（15~22.5）克/亩	喷雾
灰霉病	异菌脲	50% 可湿性粉剂	（37.5~50）克/亩	喷雾
	啶酰菌胺	50% 水分散粒剂	（15~25）克/亩	喷雾
青枯病	中生菌素	3% 可湿性粉剂	（38~50）毫克/千克	灌根
	多粘类芽孢杆菌	10 亿 CFU/克 可湿性粉剂	①100 倍；②3 000倍；③440~6 800 克/亩	①浸种；②泼浇；③灌根
病毒病	盐酸吗啉胍	20% 可湿性粉剂	（25~50）克/亩	喷雾
	香菇多糖	0.5% 水剂	（0.83~1.25）克/亩	喷雾
蚜虫	高氯·啶虫脒	5% 乳油	（1.75~2）克/亩	喷雾
	溴氯虫酰胺	10% 可分散油悬浮剂	（3.3~40）克/亩	喷雾
烟粉虱	螺虫乙酯	22.4% 悬浮剂	（4.8~7.2）克/亩	喷雾
	噻虫胺	50% 水分散粒剂	（3~4）克/亩	喷雾
根结线虫	阿维·吡虫啉	15% 微囊悬浮剂	（45~60）克/亩	沟施
	蜡质芽孢杆菌	10 亿 CFU/毫升 悬浮剂	（4.5~6）升/亩	灌根
美洲斑潜蝇	高氯·杀虫单	16% 微乳剂	（12~24）克/亩	喷雾
	溴氰虫酰胺	10% 可分散油悬浮剂	（1.4~1.8）克/亩	喷雾

7. 采收

番茄在亮红果期及时采收,运距离运输的可在转色期到粉果期采收。

三、辣椒栽培技术要点

1. 品种选择

大棚设施栽培可选择采风 1 号、红圣 401 等品种;露地栽培的可选择福椒 6 号、红天湖 203、湘研 16 等品种(图 11-14)。

图 11-14　辣椒

2. 播种育苗

(1)播种。大棚栽培 10 月中下旬播种,露地栽培 1 月下旬播种。播前晒种 1~2 天,在 55℃ 水中浸种 15 分钟,并不断搅拌,再在 25~30℃ 水中浸 4~5 小时,然后置于 28~30℃ 条件下催芽或直接播种。当 70% 以上种子露白时播种。包衣种子无需处理。

(2)常规育苗。提前 10 天精做苗床,床宽(连沟)1.5 米,整平拍实并消毒。田土:腐熟有机肥 7:3 的比例配制营养土,再加营养土重量 0.1% 的三元复合肥。每亩用种量 30~50 克。播种前先浇足底水,种子撒播,播后覆土,平铺薄膜,并覆盖棚膜。

当 30% 的种子出土后,揭去地膜;出苗前保持白天 25~28℃、夜间 18~20℃;齐苗后白天 22~25℃、夜间 15~18℃。若夜间气温降至 10℃,在小拱棚上加盖遮阳网等覆盖物保温;如棚内温度超过 30℃,应及时通风;白天大棚内的拱棚膜要适时揭开,以增光降湿。苗期适当控制浇水,以湿润为主;一般不追肥,若缺肥可用

0.3%浓度的三元复合肥溶液追施。定植前1周通风降温炼苗。当幼苗具有2~3片真叶时进行假植,选用直径8~10厘米的营养钵,1钵1株。选择冷尾暖头的晴天进行。

(3)穴盘育苗。大棚栽培的宜选用50孔穴盘,露地栽培的选72孔穴盘。每亩大田用种量20~40克。选用蔬菜育苗专用基质,播前基质装盘,刮平盘面,用盘底按压表面形成播种孔,浇透底水。机械或人工播种,1孔1粒,播后基质盖籽,将穴盘移入苗床,摆放整齐,平铺薄膜,并覆盖棚膜。温湿度管理同常规育苗。苗床及时浇水,保持盘内基质湿润,注意穴盘边缘补水。幼苗2叶1心和3叶1心时各喷施1次0.3%浓度的三元复合肥溶液。定植前1周通风降温炼苗。

3. 定植

及时清洁田园,定植前7~10天结合整地,每亩用商品有机肥200~250千克、三元复合肥30千克作基肥。作宽(连沟)1.5米高畦,覆盖地膜。大棚早熟栽培的2月中下旬定植,露地栽培的4月中下旬定植。选择冷尾暖头的晴天进行。双行定植,具体密度因栽培方式、品种特性等不同而异。一般大棚栽培的每亩密度2 200~3 000株;小拱棚、露地栽培的每亩2 500~3 500株。

4. 田间管理

(1)温湿度管理。缓苗前不通风,保持较高的温度和湿度,白天棚温25~30℃,夜温15~20℃;缓苗后白天20~25℃,夜温12~15℃,空气湿度70%~80%。当棚内温度超过25℃时应及时通风,当夜温稳定在15℃以上时,可昼夜通风,进入4月下旬至5月上旬后,可拆除大棚裙膜。

(2)肥水管理。大棚栽培的前期一般不追肥。进入采收期后及时施肥,一般15~20天1次,每次每亩施三元复合肥10~15千克。实行肥水同灌的浓度掌握在0.5%。露地栽培的在定植后15天用碳酸氢铵、过磷酸钙各5千克轻施苗肥;当进入盛花期到结椒初期时,追施一次重肥,每亩用三元复合肥30~40千克。若进行越夏栽培的可在8月上旬再追施一次肥料,每亩用尿素10千克,畦两旁开孔施入。同时,可结合防病治虫酌情进行根外追肥。同时,及时清沟培土,做到深沟高畦。高温干旱期早晚灌"跑马水"补充水分。

（3）植株调整。及时整掉基部侧枝,摘掉基部枯黄老叶及病叶。

5. 病虫害防治

主要病虫害有立枯病、疫病、炭疽病、病毒病、蚜虫、烟粉虱等。要综合运用农业、物理生物、化学防治相结合的方法来控制病虫害发生(表11-8)。化学防治选用在辣椒上登记的农药或当地农业主管部门推荐的农药和剂量进行防治。

表11-8　辣椒主要病虫害防治药剂

防治对象	通用名	含量及剂型	有效成分使用量或浓度	施用方法
立枯病	多·福	30% 可湿性粉剂	（3~4.5）克/平方米	苗床拌毒土
	甲霜·福美双	3.3% 粉剂	（0.8~1.2）克/平方米	苗床拌毒土
疫病	嘧菌酯	25% 悬浮剂	（10~18）克/亩	喷雾
	霜脲·锰锌	72% 可湿性粉剂	（72~120）克/亩	喷淋
灰霉病	咪鲜胺锰盐	50% 可湿性粉剂	（15~20）克/亩	喷雾
炭疽病	咪鲜胺	25% 乳油	（18~26.7）克/亩	喷雾
	嘧菌酯	25% 悬浮剂	（8~12）克/亩	喷雾
病毒病	宁南霉素	8% 水剂	（6~8.3）克/亩	喷雾
	吗胍·乙酸铜	20% 可湿性粉剂	（24~36）克/亩	喷雾
青枯病	多粘类芽孢杆菌	0.1 亿 CFU/克细粒剂	①300 倍液；②0.3 克/平方米；③(1 050~1 400)克/亩	①浸种；②苗床泼浇；③灌根

（续表）

防治对象	通用名	含量及剂型	有效成分使用量或浓度	施用方法
蚜　虫	苦参碱	1.5% 可溶性液剂	（0.45~0.6）克/亩	喷雾
	氯虫·高氯氟	14% 微囊悬浮-悬浮剂	（1.5~3）克/亩	喷雾
烟粉虱	溴氰虫酰胺	10% 悬乳剂	（4~5）克/亩	喷雾
	螺虫·噻虫啉	22% 悬浮剂	（7.2~9.6）克/亩	喷雾
红蜘蛛	藜芦碱	0.5% 可溶性液剂	（0.6~0.7）克/亩	喷雾

6. 采收

当果实充分膨大,果实表面具有一定光泽时即可采收。采摘宜在早、晚进行,门椒、对椒应适当早收。

第五节　瓜类蔬菜栽培技术

一、西瓜栽培技术要点

1. 品种选择

生产上应选择抗逆性强、品质优良的品种进行种植。中果型品种可选用早佳84-24、浙蜜3号、抗病948、京欣1号、美都、提味等;小果型品种可选用小兰、早春红玉等(图11-15)。露地栽培宜选用不易裂果品种。嫁接育苗用砧木可选择甬砧1号、甬砧3号、甬砧5号等。

2. 播种期

采用大棚早熟栽培的12月中旬至翌年1月中旬播种;小拱棚栽培的3月上旬播种;露地栽培的4月中旬播种;大棚夏秋季栽培的7月上旬至8月初播种。

3. 播种育苗

浸种前晒种1~2天。先用10%磷酸三钠溶液浸种20分钟,再用55℃温水浸种10~15分钟,清水洗净后用25~30℃温水浸

图11-15 西瓜

种,西瓜浸种6小时、葫芦砧浸种12~24小时。种子用消过毒的湿布包裹,在28~30℃下催芽。当西瓜种子有70%露白时即可播种。

(1)冬春季实生苗育苗。选晴天上午播种,播前1~2天浇足底水。播种时胚根向下平放,播后覆盖基质或营养土,然后盖地膜保湿。当幼芽30%出土后撤去地膜或及时破膜放苗。出苗前密闭苗床,温度白天保持28~30℃,夜间18~23℃;出苗后,温度白天20~25℃,夜间15~18℃;3~4片真叶到定植前7天,进行通风降温炼苗。棚内保持干燥,在底水浇足的基础上尽可能不浇或少浇水,当叶片出现轻度萎蔫时选晴天中午浇适量温水,定植前5~6天停止浇水。幼苗出土后,苗床应尽可能增加光照时间。幼苗期一般不施肥,如育大苗可结合浇水追施0.2%~0.3%三元复合肥液。

(2)夏秋季实生苗育苗。7月上旬至8月初播种,播后苗床先平铺一层遮阳网,在其上搭建小拱棚,再覆盖一层遮阳网,出苗后及时除去平铺的遮阳网。出苗前一般不浇水,出苗后钵体过干可早晚适当浇水,保持钵体湿润。全苗后早晚揭去遮阳网增加光照,3天后完全揭去遮阳网。夏秋育苗一般不用追肥。

（3）嫁接育苗。一般采用顶插接法。以砧木一叶一心、接穗子叶展平时为嫁接适期。先播砧木，后播接穗。冬春季砧木较接穗早播5~6天；夏秋季砧木较接穗早播2~3天。砧木播于穴盘，接穗播于平盘。播后冬春季用地膜覆盖保温保湿；夏秋季用遮阳网覆盖降温保湿。

①冬春季温湿度管理。冬春季嫁接后3天内，白天温度控制在24~26℃，夜间18~20℃；3~5天开始通风降湿，白天温度控制在24~26℃，夜间21~23℃；7天后白天温度控制在23~24℃，夜间18~20℃。10天后管理同实生苗育苗。嫁接后的2~3天密闭苗床，使苗床内的空气湿度达到饱和状态；3~5天逐渐增加通风时间和通风量，降低湿度；5~7天后管理同实生苗育苗。

②夏秋季温湿度管理。夏秋季嫁接后36小时内采用拱棚膜加双层遮阳网覆盖，苗床密闭使苗床内的空气湿度达到饱和状态，白天每间隔1小时往遮阳网上喷水降温；2~3天后揭去拱棚膜，保留双层遮阳网覆盖，日出前和日落后通风，常温管理，通风后及中午叶面喷水；4天后管理同实生苗育苗。

③光照管理。冬春季嫁接育苗，在嫁接后的前3天，苗床晴天中午适当遮光，第3天开始不遮光。夏秋季嫁接育苗，在嫁接后的前3天，苗床全覆盖遮光，第4天开始逐渐增加光照时间，第5~7天后同于实生苗育苗管理。

④其他管理。及时摘除砧木上萌发的不定芽。

4. 大棚栽培

（1）大田准备。清洁田园，结合翻耕，每亩施充分腐熟有机肥料2 000~2 500千克、三元复合肥50千克。土肥混匀后耙细作龟背形高畦，畦宽连沟2.5~3米。

冬春季大棚栽培的，定植前半个月扣盖大棚膜和铺地膜，地膜下铺设滴管带，定植前3~5天在定植畦上搭小拱棚并盖膜保温预热。夏秋季栽培前期采用避雨栽培，后期保温。

（2）定植。冬春季栽培于1月中旬至2月下旬，选晴天中午定植,定植后搭建小拱棚保温;夏秋季栽培于 7 月下旬至 8 月中旬的傍晚或阴天定植,定植后搭小拱棚遮阳降温。每畦定植 1 行,中果型品种嫁接苗每亩定植 400~450 株、实生苗每亩定植 450~600株,小果型品种爬地栽培的每亩定植 500~600 株、立架栽培的每亩定植 1 200株左右。

（3）田间管理

①温度管理。冬春季栽培的,定植后半个月内密闭小拱棚和大棚,促进缓苗。伸蔓期白天棚温控制在 25~28℃,夜间棚温控制13~15℃。3 月下旬逐步加大通风量,直至撤除小拱棚。开花结果期棚温白天控制在 25~30℃,夜间温度不低于 15℃。夏秋季栽培前期通风降温,后期保湿。

②肥水管理。追肥浇水通过滴管带进行。当西瓜拳头大小时追肥,以后每采收一次后追肥,每亩施三元复合肥 10~15 千克。第三、第四批结瓜时结合防病各喷施 0.3%的磷酸二氢钾叶面肥。

③整枝理蔓。采用双蔓或三蔓整枝。第一次压蔓应在蔓长40~50 厘米时进行,以后每间隔 4~6 节再压一次,使瓜蔓在田间均匀分布。坐果前要及时抹除瓜杈,坐果后应减少抹杈次数或不抹杈。

④人工授粉。冬春栽培选晴天上午 8~11 时进行,夏秋季栽培选晴天上午 5~8 时进行。摘取旺盛开放的雄花,将其花粉均匀涂抹在雌花柱头上,同时做好标记。

5. 小拱棚和露地栽培

（1）整地。定植前深翻土地,土肥混匀后作龟背形高畦,畦宽连沟 2 米。

（2）定植。春季小拱棚栽培的于 4 月上旬定植,露地栽培的于 5 月中旬定植。每畦定植 1 行,实生苗每亩定植 500~600 株,嫁接苗每亩定植 400~450 株。

（3）田间管理。定植 5~7 天缓苗后施提苗肥,每亩用碳铵、过磷酸钙各 5 千克;缓苗后 20 天左右施伸蔓肥,每亩用尿素 5

千克;幼果鸡蛋大小时施膨瓜肥,每亩施三元复合肥 5~7.5 千克。当蔓长 40~50 厘米时进行中耕除草。双蔓或三蔓整枝,开花后不再进行理蔓。以第 2 或第 3 朵雌花作坐瓜花,晴天上午 7~9 时人工授粉。

6. 病虫草害防治

主要病虫害有苗期立枯病、蔓枯病、白粉病、病毒病、枯萎病、蓟马、烟粉虱、根结线虫等。主要草害有阔叶杂草、一年生禾本科杂草等。要以农业防治为基础,辅以物理防治和生物防治,化学防治适时选用低毒低残留农药(表 11-9)。化学药剂要选用西瓜上登记的农药适时防治,合理轮换和混用农药,严格遵守安全间隔期。

表 11-9　主要病虫草害药剂防治方法

防治对象	农药通用名	含量及剂型	有效成分使用量或浓度	使用方法
苗期立枯病	甲霜·福美双	3.3% 粉剂	(0.8~1.2)克/平方米	苗床拌土
蔓枯病	苯甲·嘧菌酯	苯醚甲环唑 125 克/升、嘧菌酯 200 克/升悬浮剂	(9.75~16.25)克/亩	喷雾
	啶氧菌酯	22.5% 悬浮剂	(8.75~11.25)克/亩	喷雾
炭疽病	吡唑醚菌酯	250 克/升水分散粒剂	(3.75~7.5)克/亩	喷雾
	苯醚甲环唑	10%水分散粒剂	(5~7.5)克/亩	喷雾
白粉病	苯甲·醚菌酯	苯醚甲环唑 15%、嘧菌酯 25%悬浮剂	(12~16)克/亩	喷雾
病毒病	混脂·硫酸铜	混合脂肪酸 22.8%、硫酸铜 1.2%水乳剂	(18.7~28)克/亩	喷雾
	香菇多糖	0.5% 水剂	(16.67~25)毫克/千克	喷雾
枯萎病	嘧啶核苷类抗菌素	4%水剂	(100~200)毫克/千克	灌根
	咪鲜胺锰盐	50%可湿性粉剂	(333~625)毫克/千克	喷雾

（续表）

防治对象	农药通用名	含量及剂型	有效成分使用量或浓度	使用方法
蓟马、烟粉虱	溴氰虫酰胺	10% 可分散油悬浮剂	（3.3~4）克/亩	喷雾
根结线虫	噻唑膦	10%颗粒剂	（150~200）克/亩	土壤撒施
	阿维菌素	3% 微囊悬浮剂	（15~21）克/亩	灌根
阔叶杂草	敌草胺	50% 水分散粒剂	（75~100）克/亩	土壤喷雾
一年生禾本科杂草	异丙甲草胺	72%水分散粒剂	（72~108）克/亩	土壤喷雾

7. 采收

当西瓜皮色鲜艳,花纹清晰,果面发亮,果柄部的茸毛部凹陷并开始发软,瓜面用手指弹时发出空浊音时采收。一般按雌花开放后的天数推算,需远距离运输的应适当提前采收。

二、大棚甜瓜栽培技术要点

1. 品种选择

应选择品质好、产量高、抗性强、适宜宁波市种植的品种,厚皮甜瓜品种如黄皮 9818、东方蜜 1 号、甬甜 5 号、甬甜 7 号、东之星、玉菇等;薄皮甜瓜品种如甬甜 8 号、慈瓜 1 号、丰甜一号、海东青等（图 11-16）。

2. 播种育苗

（1）播种。大棚春季特早熟栽培,宜于 12 月中下旬播种;大棚春季早熟栽培,宜于 1 月中下旬播种;秋季栽培宜于 7 月中下旬至 8 月上旬播种。播种前选择晴天晒种 2~3 小时。种子用清水搓洗干净,春季用 500 倍的 0.1%高锰酸钾浸种 30 分钟,秋季栽培可用 10%的磷酸三钠溶液浸种 20 分钟。浸种之后用清水洗净。温汤浸种后在 28~30℃催芽至 2/3 种子露白。甜瓜早春栽培宜用电热温床育苗。采用合适规格的普通营养钵、压缩型基质营养钵或穴盘基质等育苗。春播应选晴天上午进行,采用点播法,每个营

图 11-16　厚皮甜瓜(东方蜜 1 号)

养钵或穴盘孔播 1 粒种子,播后覆盖地膜保湿。当幼芽 60%出土后撤掉地膜。

(2)苗床管理。出苗前床温白天保持 28~30℃,夜间 18~20℃;出苗后及时去掉地膜,床温白天降到 23~24℃,夜间 18~20℃。移栽前 7~10 天,白天保持 18~20℃,夜间 14~16℃,进行炼苗。白天中午温度高时,要注意通风降温。出苗前不再浇水,如发现床土过干,可适当补充水分。秋季育苗时高温易缺水,应勤浇水,浇水宜早晨进行。

3. 嫁接育苗

砧木选用甜瓜嫁接专用品种,如新土佐、甬砧 2 号、甬砧 8 号等。经晒种、选种后浸种催芽,在 28℃~30℃下浸种 4~6 小时,搓洗、沥干后,用湿毛巾包好在 28~30℃下催芽。其他管理同常规育苗。嫁接采用顶插接法或靠接法。嫁接后及时扣好拱棚,3 天内不通风,3 天后逐渐通风换气。嫁接初期,白天 25~28℃,夜间 22~25℃;4 天后开始通风降温,7 天后白天 23~24℃,夜间 18~20℃;成活后按常规管理。嫁接当日和次日严密遮光;第 3 天起,早晚揭去遮阴物,7 天后只在中午强光时遮光,10 天后按常规管理。嫁接苗成活后及时摘除砧木侧芽;靠接苗 10 天后断根,并及时去掉固定夹。

4. 整地施肥

越冬前深翻土壤,定植前 1 个月浅耕,整地作畦。每亩施充分腐熟有机肥 1 000 千克、硫酸钾型三元复合肥 30 千克、过磷酸钙 30 千克作基肥,精细整地作畦,立架栽培畦宽 1~1.2 米、爬地栽培畦宽 2~2.5 米。覆地膜前 1 天将辛硫磷颗粒 1 千克混合后撒于畦面,并铺设滴灌带。

5. 定植

春季于 1 月中旬至 2 月下旬定植,苗龄 3 叶至 4 叶 1 心为宜。定植前半个月扣棚,选晴天定植。秋季 7 月下旬至 8 月中旬定植,苗龄 1 叶 1 心为宜。立架栽培定植密度每亩约 1 200株、爬地栽培每亩 600 株;秋季种植密度适当提高。

6. 田间管理

(1)温湿度管理。春季瓜苗定植后 7~10 天,保持棚内温度 25℃左右,密封增温。以后随着棚温的升高,逐步增加通风量。阴雨天气注意控制棚内湿度。秋季甜瓜应注意控制棚内温度、湿度,避免瓜苗徒长。甜瓜开花结果和果实膨大期,棚温白天控制在 30℃左右,夜间控制在 18℃左右。

(2)肥水管理。伸蔓期每亩施 5~10 千克的硫酸钾型三元复合肥;果实鸡蛋大小时追施膨瓜肥每亩施用硫酸钾型三元复合肥 10~15 千克。坐果后每隔 7 天左右叶面喷施 1 次 0.3%磷酸二氢钾溶液,连续 3~4 次。春季甜瓜宜少浇水或不浇水;秋季由于温度较高,及时补充水分。果实膨大期需适当增加灌溉,成熟前 15 天停止浇水。

(3)植株调整。采用单蔓整枝的,预留结果节位子蔓,去除其他节位侧枝;采用双蔓整枝的,主蔓 3~4 叶摘心,留 2 条子蔓,孙蔓坐果。植株生长有 25 片功能叶后摘心,可留顶端生长点。子蔓或孙蔓结果枝 1 果 2 叶,摘除边心。一般厚皮甜瓜宜单蔓整枝,薄皮甜瓜宜双蔓整枝。

(4)坐果。单蔓整枝的甜瓜坐果节位在第 11~15 节;双蔓整枝的甜瓜多次采收,第一次坐果在第 7~8 节,第二次坐果在第 14~15 节。

(5)授粉。选择晴天早晨进行人工授粉,每朵雄花涂 2~3 朵雌花,或选用 0.1%氯吡脲可溶液剂 10~20 毫克/千克涂抹瓜胎。

(6)果实管理。幼瓜鸡蛋大小时,应及时选瓜和定瓜,根据品种类型每蔓留果 1~2 个。

7. 病虫害防治

主要病虫害有白粉病、霜霉病、蚜虫、白粉虱等。要以农业防治为基础,辅以物理防治和生物防治,化学防治适时选用低毒低残留农药(表 11-10)。化学药剂要选用甜瓜上登记的农药适时防治,合理轮换和混用农药,严格遵守安全间隔期。

表 11-10   甜瓜主要病害防治药剂

防治对象	通用名	含量及剂型	每亩有效成分使用量	施用方法
白粉病	四氟醚唑	4% 水乳剂	2.7~4 克	喷雾
	醚菌·啶酰菌	300 克/升悬浮剂	13.5~18 克	喷雾
霜霉病	唑醚·代森联	60% 水分散粒剂	60~62 克	喷雾
	烯酰·吡唑酯	18.7%水分散粒剂	14~23.3 克	喷雾

8. 采收

采收宜在无雨阴天或晴天无露的早晨进行。采收时宜用剪刀剪下,防止扭伤瓜蔓。

三、黄瓜栽培技术要点

1. 栽培季节

黄瓜春季大棚栽培一般 1 月中下旬播种,2 月中下旬至 3 月上旬定植,4 月下旬至 6 月收获;春季露地栽培 3 月中下旬播种,4 月上中旬定植,5 月下旬至 7 月收获;秋季露地栽培 7 月底 8 月初直播,9 月上旬至 10 月中旬收获;秋季大棚栽培 8 月上中旬播种,

8月中下旬定植,9月中旬至11月收获。

2. 品种选择

选用抗病、抗逆性强,优质,高产,商品性好的品种。宜选择津优系列、绍兴乳黄瓜、萨伯拉等品种(图11-17)。

图11-17　黄瓜

3. 播种育苗

(1)播前准备。选择未种过同科作物,地势高燥、排灌通畅的田块作苗床。提前10天做苗床,床宽1.5米。采用营养钵、穴盘或压缩型基质营养钵育苗。春季宜选用72孔穴盘或直径6~8厘米的塑料营养钵,秋季栽培宜选用128孔规格的穴盘或直径4~5厘米的塑料营养钵。营养土按田土∶腐熟有机肥为7∶3的比例配制,再加入营养土重量0.1%的三元复合肥。育苗应在大棚或小拱棚内进行,早春育苗的应铺设电加温线。播前1~2天晒种,在55℃的温水中浸10~15分钟,然后在保持30℃左右的温水中浸3~4小时,洗净沥干后用湿布包好,放在25~30℃的条件下催芽,70%以上种子露白时即可播种。包衣种子无需处理。每亩大田用种量100~150克。

(2)播种。采用穴盘育苗的,选用蔬菜育苗专用基质。基质装盘后刮平,压播种孔,机械或人工播种,1孔1粒,播后用基质盖籽至穴盘表面平;然后将穴盘移入苗床,摆放整齐。春季育苗平铺地膜,覆盖棚膜;秋季育苗覆盖遮阳网。采用常规营养钵育苗的,播种前浇足底水,种子播种在塑料营养钵,每钵1粒。播后覆营养土。春季育苗平铺地膜,覆盖棚膜;秋季育苗覆盖遮阳网。

(3)苗期管理。当60%~70%的种子出土时揭去地膜。出苗前白天保持25~30℃,夜间保持18~20℃;出苗后白天保持20~25℃,夜间保持14~16℃;当棚内温度超过30℃时应及时通风。白天大棚内的拱棚膜要适时揭开,以增光降湿。视苗情适时追肥浇水,追肥可用0.2%~0.3%的三元复合肥溶液,整个苗期一般追肥1~2次。春季育苗追肥浇水宜在晴天中午温度较高时进行,秋季育苗追肥浇水宜在早晚进行。穴盘育苗的应注意保持基质湿润。定植前5~7天通风降温炼苗。

4. 嫁接育苗

宜选用新土佐类型南瓜作为砧木品种。一般采用靠接法,黄瓜(接穗)比砧木提前7~10天播种。播前浇足底水,将种子播在穴盘中或撒播于播种床,盖好营养土,然后覆盖地膜和棚膜。当南瓜苗的子叶展开、第一片真叶初露,黄瓜苗的子叶完全展开,第二片真叶微露时进行靠接嫁接,接后用嫁接夹固定,栽入营养钵,并加盖小拱棚并覆盖遮阳网。

嫁接后前3天,苗床密闭遮阴,早晚揭开两侧遮阳网见散射光,白天保持25~28℃、夜间17~20℃,保持空气相对湿度在95%以上;后3天逐渐增加光照,白天保持22~23℃、夜间15~17℃,空气相对湿度控制在70%~80%。一周后小拱棚两端适当通风,以后逐渐加大通风直到转入正常管理。接穗断根后在中午适当遮光2~3天后转入正常管理。嫁接后10~15天,幼苗基本成活,及时切断接穗根系,以后视接口愈合情况酌情去掉嫁接夹。及时摘除砧木的萌芽,保证接穗正常生长。

5. 定植

及时清洁田园,定植前7~10天结合翻耕施基肥。春季栽培每亩施商品有机肥 200~300 千克,三元复合肥 30~50 千克;秋季栽培每亩施三元复合肥 25~30 千克。精细整地作畦成龟背形,一般畦宽(连沟)1.5 米。春季栽培畦面铺好地膜。提倡应用肥水一体化技术。春季栽培一般当苗龄 30~40 天时定植,选择冷尾暖头的晴天上午进行;秋季栽培一般当苗龄 10~15 天时定植,选择晴天下午或阴天进行。定植前 1 天,每亩用 25%嘧菌酯悬浮剂 15~22.5 克防病 1 次。嫁接苗定植时注意嫁接部位应高于畦面。定植密度视品种特性而定,一般双行种植,春季大棚栽培株距 35~40 厘米,每亩种植 2 200~2 500株;露地栽培株距 25~30 厘米,每亩种植 3 000~3 500株。秋季适当密植,一般大棚每亩种植 2 500~2 800株,露地每亩播 3 500~4 000穴。

6. 直播

秋季露地栽培以直播为主。播前浇足底水,随浇随播,每畦播 2 行,每穴播 2 粒,播后覆细土、稍压,盖上遮阳网等遮阴,出苗后及时揭去覆盖物。两片真叶时定苗,每穴留 1 株。

7. 大田管理

(1)查苗补缺。应经常巡视田间,发现僵苗、死苗、缺株,及时用备用苗补栽。

(2)温、湿度管理。春季大棚栽培的,缓苗前保持白天 30℃,夜间 20℃;缓苗后适当通风降温,白天保持 25~28℃,夜间 15~16℃;4 月初揭去小拱棚,4 月底除去大棚裙膜。秋季大棚栽培的,9 月中旬前保留天膜卷起裙膜,保持四周通风,若遇雨天放下裙膜,9 月中旬至 10 月中旬,白天加强通风换气,控制在 25~30℃,夜间控制在 15~18℃。10 月下旬当夜间温度低于 12℃时,开始闭棚保温。

(3)肥水管理。春季栽培的,一般前期不追肥。进入采收期后薄肥勤施,7~10 天 1 次,每亩用三元复合肥 10~12.5 千克。秋季栽培的,苗期若长势较弱,每亩追施尿素 5 千克。结瓜后结合浇水追施薄肥,7~10 天 1 次,每亩用三元复合肥 7.5~10 千克。同时结合防病治虫用0.2%~0.3%磷酸二氢钾等进行根外追肥。注意清沟排水,旱季及时灌水抗旱。

(4)植株整理。抽蔓后及时搭架、绑蔓。每隔3~4节绑蔓1次。春季栽培一般18~20叶摘心,秋季栽培适当提早。及早摘除基部侧蔓,中上部抽生的侧蔓留1~2叶摘心,病、老叶一并摘除。

8. 病虫害防治

黄瓜主要病虫害有猝倒病、立枯病、疫病、白粉病、霜霉病、瓜绢螟、斑潜蝇、烟粉虱、蚜虫等。要以农业防治为基础,辅以物理防治和生物防治,化学防治适时选用低毒低残留农药(表11-11)。化学药剂要选用黄瓜上登记的农药或当地农业主管部门推荐的农药适时防治,合理轮换和混用农药,严格遵守安全间隔期。

表11-11 主要病虫害化学防治方法

防治对象	通用名	含量及剂型	登记用药量	施用方法
立枯病	噁毒·福美双	54.5% WP	2.0~2.5 克/平方米	浇灌
霜霉病	百菌清	30% DP	50~80 克/亩	点燃放烟
角斑病	多粘类芽孢杆菌	10亿 CFU/克 WP	100~200 克/亩	喷雾
炭疽病	咪鲜胺	25% EC	250~500 毫克/千克	喷雾
白粉病	嘧菌酯	250 克/升 SC	15~22.5 克/亩	喷雾
	苯醚甲环唑	10% W 克	5~8.3 克/亩	喷雾
斑潜蝇	灭蝇胺	10% SC	10~15 克/亩	喷雾
蚜虫	啶虫脒	5% EC	1.3~1.5 克/亩	喷雾
烟粉虱	氟啶虫胺腈	22% SC	3.3~5 克/亩	喷雾

9. 采收

一般当黄瓜达到商品成熟时及时采收。根瓜应尽早采收。采收宜在早晨或傍晚进行。

第六节　豆类蔬菜栽培技术

豆类蔬菜在我国栽培历史悠久,分布十分广泛,南北各地均有种植。豆类蔬菜主要有菜豆、长豇豆、菜用大豆、豌豆、蚕豆等。

一、菜用大豆栽培技术要点

1. 栽培季节

春季栽培 2 月上旬至 4 月中旬播种,育苗移栽或直播,5—7月收获。秋季栽培 6 月下旬至 7 月上旬播种,一般采用直播,9—10 月收获。

2. 品种选择

根据市场需求、栽培季节选用合适品种,主要品种有青酥二号、75-3、浙农 6 号、浙鲜豆 8 号、引豆 9701 等(图 11-18)。

图 11-18　菜用大豆

3. 大田准备

播种前 10~15 天清除杂草,深翻土壤,施入基肥,整地细耙作宽 1.5~1.8 米高畦。

4. 春季栽培

（1）育苗移栽。大棚+小拱棚+地膜覆盖栽培,2 月上旬播种;小拱棚+地膜覆盖栽培,2 月底至 3 月上旬播种。播种在大棚内进行,每亩大田用种量 6~7.5 千克。播前先整平苗床、浇透水,均匀撒播种子,覆盖细土,床面上平铺一层地膜,搭小拱棚保温保湿。出苗前,密闭棚膜,以保温保湿为主;出苗后适当通风降温,幼苗期小拱棚内白天温度 18~25℃,夜间温度 10~15℃。子叶顶土转绿色时,及时揭掉平铺地膜;子叶展平后,逐渐揭小拱棚通风降温,定植前一周进行低温炼苗。当子叶展开,第一片真叶显露时,及时移栽。一般大棚+小拱棚+地膜栽培的,每亩栽种 6 000~6 500 穴,每穴 3 株;小拱棚+地膜栽培的,每亩栽种 5 500~6 000 穴,每穴3 株。

（2）直播。一般在 3 月中旬至 4 月中旬开穴直播。每亩栽种5 000~5 500 穴,每穴 2~3 粒。播后用异丙甲草胺封草,覆盖地膜。出苗后及时破膜放苗。在 1~2 片真叶时查苗、间苗、定苗,确保全苗。

（3）春栽大田管理。

①温湿度管理。大棚或小拱棚覆盖栽培的生长前期以保温为主。当拱棚内温度达到 25℃ 时,适当通风换气,开花结荚期保持棚内日温 23~28℃,夜间温度不低于 15℃。生长前期如遇持续干旱时需及时浇水。从开花结荚期到鼓粒期保持畦面湿润。若遇干旱应进行畦沟灌溉 1~2 次。

②肥料管理。结合整地每亩施用商品有机肥 150~200 千克和复合肥（15-15-15）20~30 千克作基肥。生长前期视生长情况追肥,一般每亩施尿素 5~7.5 千克,结荚初期每亩施复合肥（15-15-15）10~15 千克;豆荚鼓粒期结合防病治虫进行根外追肥,喷施 0.3% 尿素加 0.2% 磷酸二氢钾。

③其他管理。定植前 10~15 天清除杂草,露地栽培生长前期

选用精喹禾灵除草。在封行前结合除草、施肥进行中耕培土,培土高度以不超过第一复叶节为宜。

5. 秋季栽培

(1)播种。一般在 6 月中旬至 7 月上旬露地直播,方法同春季栽培。每亩栽种 5 000~5 500 穴,每穴 2 株。

(2)中耕除草。生长前期宜进行中耕除草,适量培土,避免畦面板结。

(3)肥水管理。秋季一般不施基肥,生长前期以磷肥为主,每亩施过磷酸钙 10~15 千克,初荚期每亩施尿素 5~10 千克和氯化钾 10 千克。豆荚鼓粒期结合防病治虫进行根外追肥,叶面喷施 0.3%尿素加 0.2%磷酸二氢钾。开花结荚期遇持续干旱宜在傍晚浇水;遇大雨,及时排除田间积水。

6. 病虫害防治

菜用大豆主要病虫害有立枯病、锈病、叶斑病、蚜虫、烟粉虱、豆荚螟、造桥虫、斜纹夜蛾、甜菜夜蛾等。要以农业防治为基础,辅以物理防治和生物防治,化学防治适时选用低毒低残留农药(表 11-12)。化学防治药剂要选择在菜用大豆或大豆登记的农药。

表 11-12　菜用大豆主要病虫草害防治药剂

防治对象	通用名	含量及剂型	每亩每次有效成分使用量	施用方法
立枯病	噁霉灵	70%种子处理干粉剂	(70~140)克/100 千克种子	种子包衣
锈病	嘧菌酯	250 克/升悬浮剂	10~15 克	喷雾
	苯甲丙环唑	300 克/升乳油	6~9 克	喷雾
叶斑病	吡唑醚菌酯	250 克/升乳油	7.5~10 克	喷雾
蚜虫	高氯·吡虫啉	吡虫啉 1.8%高效氯氰菊酯 2.2%	1.2~1.6 克	喷雾
	抗蚜威	50%水分散粒剂	5~8 克	喷雾
豆荚螟	氯虫苯甲酰胺	200 克/升悬浮剂	1.2~2.4 克	喷雾

（续表）

防治对象	通用名	含量及剂型	每亩每次有效成分使用量	施用方法
甜菜夜蛾	高氯·辛硫磷	高效氯氰菊酯 2%、辛硫磷 18%乳油	13.3~20 克	喷雾
造桥虫	噻虫·高氯氟	高效氯氟氰菊酯 9.4% 噻虫嗪 12.6% 微囊悬浮–悬浮剂	0.98~1.48 克	喷雾
	敌百虫	90%可溶粉剂	120 克	喷雾
一年生禾本科杂草及部分小粒种子阔叶杂草	异丙甲草胺	72%乳油	108~144 克	播后苗前土壤喷雾
一年生禾本科杂草	精喹禾灵	5%乳油	3.5~4.5 克	茎叶喷雾

7. 收获

在豆荚饱满,色泽青绿时收获。作为速冻加工的原料一般在豆荚八成熟时收获。收获宜在上午 10 时前进行。

二、春四季豆栽培技术要点

1. 品种选择

目前,主推品种有甬绿 4 号、矮生蓝湖、鲜绿 1 号、初绿 2 号、86-1 等矮生四季豆品种(图 11-19)。

2. 育苗

合理选择育苗田块。一般采用地膜移栽栽培的,3 月上旬播种育苗,结合深翻,每亩苗床施商品有机肥 150~200 千克和过磷酸钙 15~20 千克,整地作宽 1.2~1.5 米高畦。播前 1 天苗床浇足水分,种子撒匀于畦面。播后覆细土、盖地膜,搭好小拱棚并盖膜。出苗后及时揭除覆盖物,定植前 7~10 天逐步揭除覆盖物进行炼苗。

3. 直播

一般采用小拱棚+地膜直播栽培的,2 月中下旬播种;地膜直

图 11-19　甬绿 4 号菜豆(青刀豆)

播栽培的,3 月下旬播种。播种前 5~7 天清洁田园,结合深翻每亩施商品有机肥 150~200 千克和三元复合肥 30~40 千克作基肥。精细整地作 1.5~1.8 米宽高畦,平整畦面,开浅沟,每穴播籽 3~4 粒。播种后覆土 0.5~1.0 厘米,亩用 96%"精-异丙甲草胺"乳油 80 克对水后均匀喷在畦面,覆盖地膜。幼苗顶土时,及时破膜放苗。

4. 定植

定植前整地施基肥,作畦,具体方法同直播。选择苗龄 20 天左右的无病虫害壮苗定植。一般行株距 30 厘米×(30~35)厘米,每亩 4 500~5 000 穴,每穴 3~4 株。

5. 大田管理

定植后或播后齐苗及时进行田间巡查,查苗补缺。封行前 10~15 天中耕 1 次,松土除杂草培土。定植后一周内小拱棚上夜间加盖一层遮阳网或无纺布保温。前期晴好天气白天注意通风降温、夜间做好保温工作。在开花盛期前追肥 1 次,每亩施用尿素 10~15 千克。开花结荚前要适当控制浇水,进入结荚旺盛期直至采收结束宜保持土壤湿润。春季栽培雨后及时清沟排水。

6. 病虫害防治

四季豆病害主要有细菌性疫病、白粉病和锈病,虫害主要有蚜虫、斑潜蝇、豆荚螟和蜗牛等,要以农业防治为基础,辅以物理防治和生物防治,化学防治适时选用低毒低残留农药(表11-13)。化学防治药剂要选择在四季豆上登记的农药或当地农业主管部门推荐的农药。

表 11-13　四季豆主要病虫草害防治药剂

防治对象	通用名	含量及剂型	每亩每次有效成分使用量	施用方法	每季最多使用次数
锈病	苯醚丙环唑	300 克/升乳油	5~8 克	喷雾	2
白粉病	氟硅唑	400 克/升乳油	3~4 克	喷雾	2
蚜虫	抗蚜威	50%水分散粒剂	3~8 克	喷雾	3
豆荚螟	虱螨脲	50 克/升乳油	2~2.5 克	喷雾	2
斑潜蝇	灭蝇胺	50%可湿性粉剂	10~15 克	喷雾	2
	阿维菌素	1.8%水乳剂	0.7~1.4 克	喷雾	2
禾本科杂草	精-异丙甲草胺	960 克/升乳油	48~62 克	苗前土壤喷雾	1

7. 采收

开花后 10~15 天当豆荚种子略微显露时采收嫩荚,或根据加工企业要求进行采收。采收宜在上午进行。

三、长豇豆栽培技术要点

1. 栽培季节与方式

长豇豆以露地栽培为主,也可采用大棚设施栽培。露地栽培4月上旬至7月中旬均可播种,采用保护地设施栽培可适当提前或延后。春提早栽培的2月中下旬至3月播种,采用保护地育苗移栽或大棚栽培。秋延后栽培的7月下旬至8月播种,一般采用保护地直播栽培。春夏与夏秋栽培,一般以露地栽培为主。

2. 品种选择

生产上宜选用抗病、丰产、优质、耐湿、耐贮运、商品性好的品种,如之豇系列品种、宁波绿带等(图 11-20)。

图 11-20　长豇豆

3. 播种育苗

(1)播种。播前晒种 1~2 天,并做好种子消毒处理。播种量根据栽培方式和种植密度不同,直播每亩用种量 1.5 千克左右,育苗移栽每亩用种量 1 千克左右。春提早及春夏栽培一般采用苗床撒播育苗,提倡采用营养钵或营养土块育苗。干籽均匀撒播苗床,播后盖土,浇水后覆盖地膜。

(2)苗床管理。当 30%左右幼苗出土后,及时揭去地膜。幼苗出土前 保持 25~30℃的温度,出土后应控制在 20~25℃的适温。早春育苗应搭小拱棚,早揭晚盖,棚内湿度宜保持在 65%~75%。苗期还应注意加强通风换气。移栽定植前,逐步降温炼苗。出苗前水分不宜过多,出苗后保持土壤湿润。在第一对真叶展开前带土移栽。

4. 播种或定植

灾后或前茬收获后,及早清洁田园,每亩施商品有机肥 300 千克左右、三元复合肥 25~30 千克作基肥。深耕整地作畦,畦宽连沟 1.4~1.6 米。根据栽培季节、栽培方式和当地的气候条件选择适宜的播种期。露地直播的,要求 10 厘米地温应稳定通过 15℃;

保护地栽培的,要求 10 厘米地温应稳定通过 12℃时移栽定植。露地春夏和设施春提早栽培每亩 3 000~3 500穴,露地夏秋和设施秋延后栽培每亩 3 500~4 000穴。

5. 田间管理

(1)破膜、揭覆盖物。地膜覆盖栽培的,当幼苗顶土时及时破膜放苗;夏秋露地直播栽培的,要及时揭除遮阳网纱、稻草帘等覆盖物。

(2)间苗定苗。齐苗后及时间苗,每穴定苗 2~3 株;育苗移栽的及时查苗补缺。

(3)温湿度管理。大棚设施直播的,从播种到第一片复叶显露,其温湿度管理参见育苗管理部分。育苗移栽的,缓苗期白天28~30℃,晚上不低于 18℃;缓苗后和直播豇豆第一片复叶显露后,白天温度 20~25℃,夜间不低于 15℃。加强通风换气,空气相对湿度控制在 65%~75%。

(4)光照。采用透光性好的多功能膜,保持膜面清洁,白天揭开保温覆盖物,尽量增加光照强度和时间。夏秋高温季节应适当采取遮阳降温措施。

(5)肥水管理。定苗或定植至开花结荚前以控水控肥为主,一般不浇水施肥,苗势较弱每亩追施 2~5 千克尿素(或喷施 0.5%磷酸二氢钾)。开花结荚后每隔 7~10 天追肥 1 次,一般每亩施硫酸钾型三元复合肥 15~20 千克,一共 3~4 次。生长盛期可用0.3%磷酸二氢钾进行叶面喷施防早衰。

(6)插架引蔓。植株抽蔓后应及时插架引蔓,满架后应及时打顶。

6. 病虫害防治

长豇豆主要病虫害有锈病、白粉病、豆荚螟、美洲斑潜蝇和蚜虫等(表11-14)。要以农业防治为基础,辅以物理防治和生物防治,化学防治适时应选用低毒低残留农药。化学防治药剂要选择在长豇豆上登记的农药或当地农业主管部门推荐的农药。

表 11-14 长豇豆主要病虫害化学药剂防治

病虫害	通用名	剂型	每亩有效成分使用量	施用方法
锈病	硫磺锰锌	70%可湿性粉剂(硫磺42%,代森锰锌28%)	150~200 克	喷雾
	腈菌唑	40%可湿性粉剂	15~18 克	喷雾
白粉病	蛇床子素	0.4%可溶液剂	5~6.67 毫克	喷雾
豆荚螟	溴氰虫酰胺	10%可分散油悬浮剂	1.4~1.8 克	喷雾
蚜虫	苦参碱	1.5%可溶液剂	0.45~0.6 克	喷雾
	溴氰虫酰胺	10%可分散油悬浮剂	3.3~4 克	喷雾
美洲斑潜蝇	溴氰虫酰胺	10%可分散油悬浮剂	1.4~1.8 克	喷雾

7. 收获

豆荚长至标准长度,荚果柔软饱满,种子未明显膨大时为收获适期,应及时采收。

四、秋豌豆栽培技术要点

1. 品种选择

选择生育期短、抗性强、产量高、品质优的早熟品种,如中豌 4 号等(图 11-21)。

图 11-21 豌豆

2. 整地作畦

清洁田园后,翻耕或免耕,每亩施三元复合肥 20~25 千克加钙镁磷肥 25 千克作基肥。开沟作畦面宽(连沟)2~3 米。

3. 播种

宁波地区秋豌豆的适宜播种期为 9 月上中旬,开穴点播,穴深 5~6 厘米,播后覆土稍压。一般播种行距 60 厘米、穴距 32~38 厘米,每亩播种 3 000~3 500 穴,每亩用种量 15~17.5 千克。

4. 田间管理

(1)追肥。在施足基肥的基础上在 4 叶期施用苗肥,亩施尿素 5 千克,始花期亩施尿素 5~10 千克,以增花、增荚、增粒重。

(2)水分管理。播种前如田土过干,可以先灌水,待土壤充分湿润后播种。生长过程中如遇长期干旱,可采用沟灌的方式灌水。遇长期阴雨,及时清沟排水。

(3)中耕除草。一般结合中耕除草 2 次。第一次中耕在苗高 13~16 厘米时进行,第二次中耕在始花封行前进行。

5. 病虫害防治

秋豌豆主要病虫害有根腐病、立枯病和白粉病以及蛞蝓、蚜虫和斑潜蝇等,要及时进行防治。要以农业防治为基础,辅以物理防治和生物防治,化学防治要适时,用药要适量,应选用低毒低残留农药,并选用豌豆已登记的农药或当地农业主管部门推荐的农药。

6. 收获

当鲜荚饱满,籽粒圆正,达到商品标准时及时分批采收,7~10 天采收 1 次,有利于上部花荚结实鼓粒。

第七节　薯芋类蔬菜栽培技术

一、马铃薯栽培技术要点

1. 品种与种薯

应根据不同的产品用途和市场消费习惯选择合适的优良品种,如东农 303、中薯 3 号、克新 4 号、本地小黄皮、费乌瑞它、大西洋、夏波蒂等品种(图 11−22)。提倡小整薯(单个重 50 克以下)

播种。根据品种与播种期,如需催芽的可在播前 15~20 天,将种薯放于黑暗处,保持温度 15~20℃,相对湿度 75%~80% 的环境进行催芽,待芽长 1 厘米左右时,摊薄见光(散射光),炼芽待播。

图 11-22　马铃薯

2. 整地作畦施基肥

结合深耕整地,每亩施充分腐熟有机肥 1 000~1 500 千克,加硫酸钾型的三元复合肥($N : P_2O_5 : K_2O = 15 : 15 : 15$)40~50 千克。整地作高畦,畦宽 100~180 厘米。

3. 播种

春播马铃薯采用大棚栽培的,播种时间为 12 月上旬至下旬;小拱棚栽培的,1 月上中旬播种;地膜或露地栽培的,1 月底至 2 月中旬播种。秋播马铃薯以日平均温度低于 25℃ 时播种为宜,平原地区一般为 8 月底至 9 月上旬,山区为 8 月下旬。

播种时根据畦面宽度,按株行距 30 厘米×35 厘米开沟或挖穴,每亩植 4 500~6 000 穴,用种量在 150 千克左右。播种时薯块芽眼朝上平放,播后焦泥灰或细土覆盖。春播马铃薯采用设施栽培的,播种后应及时覆膜保温,出苗后要及时破膜放苗;大棚或小拱棚覆盖的,应根据膜内温度及时通风降温,防止烧烫苗。秋季马铃薯播后用遮阳网、稻草等覆盖,可达到降温效果,有利全苗壮苗。

4. 田间管理

(1)肥水管理。视苗情追肥,追肥宜早不宜晚。一般出苗后齐苗前,每亩可用尿素2~3千克加水200~300千克追肥一次。封行后,视苗情可根外追肥1~2次。整个生长期,土壤相对湿度保持在60%~80%。出苗前不宜灌溉,块茎形成和膨大期不能缺水,成熟期适当控水,结合培土及时清沟排水,做到田间无积水。

(2)中耕除草。齐苗后及时中耕除草,封行前进行最后一次中耕除草。

(3)培土。一般结合中耕除草培土2次,出苗后第一次浅培土,封垄前第二次深培土,防止产生青皮薯。

(4)其他管理。3月"寒潮"及秋季早霜来临前,可撒施草木灰,或用杂草、薄膜等覆盖,待冷空气或霜冻过后及时揭除,然后视苗情进行根外追肥。对生长过旺有徒长趋势的田块,每亩用5%烯效唑可湿性粉剂对水茎叶喷雾防徒长。

5. 病虫害防治

主要病虫害有晚疫病、早疫病、环腐病、疮痂病、地老虎、蛴螬、金针虫、蚜虫等,要及时抓好防治工作。要以农业防治为基础,辅以物理防治和生物防治,化学防治要适时,用药要适量,应选用低毒低残留农药,并选用马铃薯已登记的农药或当地农业主管部门推荐的农药(表11-15)。

表11-15 马铃薯主要病虫害防治药剂

病虫害名称	通用名	含量及剂型	有效成分使用量或浓度	使用方法
早疫病、晚疫病	嘧菌酯	250克/升悬浮剂	(3.75~5)克/亩	喷雾
	甲霜·锰锌	甲霜灵10%、代森锰锌48%可湿性粉剂	(58~69.6)克/亩	喷雾
	氟啶胺	500克/升悬浮剂	(10~16.7)克/亩	喷雾
	代森锰锌	80%可湿性粉剂	(96~144)克/亩	喷雾
	代森锌	80%可湿性粉剂	600~700倍液	喷雾

（续表）

病虫害名称	通用名	含量及剂型	有效成分使用量或浓度	使用方法
环腐病	敌磺钠	70% 可溶粉剂	210 克/100千克种薯	拌种
	甲基硫菌灵	36% 悬浮剂	800 倍液	浸种
疮痂病	代森锰锌	80% 粉剂	500~600 倍液	喷雾
蛴螬、地老虎、金针虫	吡虫啉	600 克/升悬浮种衣剂	1∶(120~200)	拌种
	高效氯氟氰菊酯	2.5% 水乳剂	(0.3~0.42)克/亩	喷雾
蚜虫	噻虫嗪	70%种子处理可分散粉剂	(7~28)克/100 千克种薯	种薯包衣或拌种
	氟啶虫酰胺	10% 水分散粒剂	(3.5~5)克/亩	喷雾

6. 收获

一般在茎叶开始落黄、块茎很易与匍匐茎分离时进行收获,也可根据市场行情提前或延后收获。秋播马铃薯可在霜冻来临前,用细土覆盖在畦面,时间可延迟到春节后采收上市。

二、芋艿早熟栽培技术要点

1. 品种选择

目前浙江宁波地区推广的优质、高产、抗性强、适应性广的品种,主要有有乌灰早、乌脚箕、奉化红芋艿、武芋 2 号等早熟或中偏早品种(图 11-23)。

2. 播种与定植

2 月中下旬,在大棚内采用双层盖膜形式进行催芽,待芋芽长达 10 厘米,及时移栽。定植前 5~10 天,亩施腐熟有机肥 2 000~3 000 千克,或商品有机肥 500 千克加含硫三元复合肥 40~50 千克作基肥。整地作 1.2 米宽高畦。一般行株距为(0.75~0.8)米×(0.35~0.4)米,每畦种 2 行,每亩密度 2 200~2 300株,每亩用种量 100 千克左右。栽后亩用 50%乙草胺 75毫升加水 50 千克喷雾防杂草。播种后及时覆盖地膜,地膜注意

图11-23　奉化芋艿

压紧压实。

3. 田间管理

3下旬至4月初为芋艿出苗阶段,当芋艿苗尖露出2~3厘米时,及时破膜放苗。出苗后,在苗期应抹去所有侧芽。芋艿1~2片真叶时施苗肥,亩用尿素2.5千克对水250千克,7~10天浇一次;6月上中旬施发棵肥,每亩施商品有机肥300千克加三元复合肥20~30千克加硫酸钾10千克。保持土壤湿润,梅季前开深沟结合培土,多雨季节及时清沟排水。芋子萌芽露出土面时,结合中耕除草、清沟、追肥,将土覆盖在芋艿基部四周,一般培土2~3次,每次以埋没芋子萌芽为准。

4. 病虫害防治

芋艿主要有疫病、软腐病、污斑病、斜纹夜蛾、蚜虫、地老虎等病虫害,要及时进行防治。要以农业防治为基础,辅以物理防治和生物防治,化学防治要适时,用药要适量,应选用低毒低残留农药,并选用芋艿已登记的农药或当地农业主管部门推荐的农药。

5. 适期收获

早熟芋艿收获期为7月上中旬,可适当提早收获或延迟收获,具体可根据品种、播种期、市场价格等因素综合考虑。

第八节　其他作物栽培技术

一、大棚草莓栽培技术要点

1. 品种选择

宜选择红颊、章姬、凤冠、梦香、越心、小白等综合性状优良的品种（图 11-24）。

图 1-24　草莓

2. 育苗

选择土壤肥沃疏松，排灌方便，距生产田近的非重茬地。母株定植前 15~20 天结合翻耕，每亩施腐熟有机肥 1 000 千克加过磷酸钙 25 千克，或三元复合肥 25~30 千克，耙细后做成宽 1.8~2.0 米的高畦。不宜使用含氯肥料。母株 3 月上中旬定植，每畦种植一行，株距 60~100 厘米。定植后保证充足的水分供应，成活后追施 1~2 次薄肥，5 月中下旬每亩施腐熟饼肥 75~100 千克。育苗期间随时摘除花蕾、老叶，及时理蔓，做好培土压蔓、除草和病虫害防治工作。

3. 大田定植

7—8 月进行高温闷棚消毒。定植前 15~20 天，结合整地，每亩施腐熟饼肥 100~150 千克或腐熟有机肥 2 000~3 000 千克、三元复合肥 50 千克作基肥。耙碎土壤，作南北走向高畦，畦宽（连沟)1米。9月上中旬选择阴天或晴天傍晚定植。每畦种两行,行距25~30厘米,株距18~20厘米,每亩定植6 000株左右。定植时秧苗的弓背统一朝向畦的外侧。

4. 田间管理

(1)覆膜。10月下旬当夜间气温降至10℃左右时覆盖大棚膜;10月下旬覆盖黑色或银灰双色地膜,盖地膜时膜下铺设滴灌带,边盖地膜边破膜提苗;12月中下旬,当夜间大棚内最低温度在5℃以下时覆盖内棚膜。

(2)温湿度调控。大棚上膜后,棚内温度白天保持在30℃左右,夜间10℃以上;开花后白天控制在25℃左右,夜间8~10℃;果实膨大和成熟期白天控制在20~25℃,夜间5℃以上。整个草莓生长期间尽可能降低棚内湿度,开花期棚内相对湿度保持在50%~60%。

(3)肥水管理。灌水追肥通过膜下滴灌方式进行。果实膨大期需每隔10~20天灌水1次,灌水量以沟中有水渗出为宜。结合灌水,当顶花序显蕾时、顶花序果开始膨大及采收前各施一次追肥,后视植株长势每隔15~20天追肥一次。肥料以三元复合肥为好,每亩每次10千克左右,浓度控制在0.2%~0.5%。

(4)植株整理。在整个生长发育过程中,及时摘除黄叶、老叶、病叶和抽生的匍匐茎。当顶花序抽出后,选留1~2个健壮腋芽。及早疏花疏果,每个花序保留5~8个果实,摘除采果后的老花茎。

(5)放蜂授粉。从草莓始花开始放养蜜蜂。同一棚内放养中蜂、意蜂均可,但不可混放。

5. 病虫害防治

草莓主要病虫害有灰霉病、白粉病、红蜘蛛、蚜虫等。要在优先采用农业防治的基础上,协调运用物理、生物和化学防治来控制病虫害发生。化学防治时要选用对口农药适时防治(表11-16),合理轮换和混用农药,严格遵守安全间隔期。

表 11-16　主要病虫害药剂防治方法

主要病虫害	中文通用名	含量及剂型	有效成分使用量 （克/亩）	使用方法
灰霉病	克菌丹	50%可湿性粉剂	(55.6~83.3)	喷雾
	啶酰菌胺	50%水分散粒剂	(15~22.5)	喷雾
	醚菌酯	30%可湿性粉剂	(4.5~12)	喷雾
白粉病	四氟醚唑	4%水乳剂	(2~3.3)	喷雾
	醚菌·啶酰菌	醚菌酯 100 克/升、 啶酰菌胺 200 克/升 悬浮剂	(7.5~15)	喷雾
红蜘蛛	藜芦碱	0.5%可溶液剂	(0.6~0.7)	喷雾

6. 采收

当地市场鲜销的,一般在果面完全着色时采摘;远距离销售的,则在果面着色 70% 以上时采收。

二、秋玉米栽培技术要点

1. 品种

选用优质、高产、抗逆性强的品种,要求糯性好、种皮薄、口感细腻、商品性状好、果穗中等,如苏玉糯 2 号、浙凤糯 3 号、美玉 7 号、浙凤甜 2 号、金银 208 等(图 11-25)。

图 11-25　玉米

2. 播种

秋玉米一般在 7 月上中旬播种,最迟不超过 7 月 25 日。打孔穴播,行距 120 厘米,穴距 20 厘米,每穴播 1~2 粒。播后均匀盖土,每亩用草甘膦加 50%乙草胺 150 毫升对水进行封闭式喷雾,可有效防除杂草。做到一次播种,一次全苗。每亩适宜密度 3 500~4 000株。

3. 大田管理

(1)间苗定苗。5~6 片真叶期及时间苗定苗,每穴保留 1 株健壮幼苗。

(2)追肥。苗肥每施用尿素 5 千克,喇叭口抽雄前亩施三元复合肥 25 千克左右,壮穗肥亩施用尿素 10 千克。

(3)水分管理。苗期如遇干旱,应于傍晚灌跑马水防旱保苗;中后期需水较多,此时如遇干旱,必须进行沟灌,保持土壤湿润,以促进抽穗结实壮籽;后期如遇秋雨连绵,及时排水防渍。

(4)中耕培土。出苗后,及时中耕除草。拔节期结合培土,进行中耕松土追肥。

(5)人工辅助授粉。秋玉米应加强人工授粉,减少秃尖。在大多数植株花丝吐出后,收集混合花粉进行人工授粉 2 次。

4. 病虫害防治

秋玉米处于高温多湿季节,虫害严重,在 4 叶期、6 叶期和大喇叭口时期做好玉米螟、夜蛾类等虫害防治。要积极应用农业、物理和生物防治技术。化学防治要选择对口农药,科学用药,严格遵守安全间隔期。

5. 采收

秋播玉米一般在授粉后 25~30 天采收最适宜。

三、秋冬萝卜栽培技术要点

1. 品种选择

可选用白玉春、白雪春 2 号、浙萝 6 号、浙大长等优良品种(图11-26)。

图 11-26　秋冬萝卜

2. 整地施基肥

萝卜地翻耕深度因品种不同而有差异,一般长根种如浙大长要求深耕 33 厘米以上,中型萝卜耕深 20~25 厘米即可。结合翻耕,每亩施腐熟有机肥 1 500~2 000 千克、三元复合肥料 25~30 千克作基肥,深翻入土,耙平后整地作畦。

3. 播种

一般秋冬萝卜在 9 月下旬至 10 月上中旬播种。播种密度因品种、土壤类型而有所不同。一般大型萝卜如浙大长等,采用穴播行株距 50 厘米×35 厘米,每亩 3 000 株左右;中型品种行株距为 50 厘米×20 厘米,每亩 6 000 株左右;小型品种通常采用撒播,亩播种量穴播 0.5~1 千克,条播或撒播 1~1.5 千克。

4. 田间管理

(1) 间苗及培土。出苗后及时间苗,4~5 片真叶时按预定株行距每穴留 1 株。结合中耕除草,把畦沟的土壤培于畦面,以防倒苗。

(2) 肥水管理。萝卜追肥要早,一般每次间苗后施适追肥。肉质根开始膨大后,需有充足的水分供应,保持土壤湿润,切忌忽干忽湿,以免肉质根开裂、空心、质地粗糙。在 6~8 叶期,追肥 1

次,每亩用尿素 15 千克对水浇施。

5. 病虫害防治

萝卜主要病虫害有软腐病、黑腐病、菜青虫、小菜蛾、黄曲条跳甲、蚜虫等,各地可参照当地农业主管部门推荐药剂对症下药。详见附件。

6. 收获

一般当根部直径膨大至 8~10 厘米、长度在 25~30 厘米时即可采收,通常根据市场价格延迟到春节前后采收。

第十二章　蔬菜生产农事指南及注意事项

1月蔬菜生产农事指南

1月有"小寒"和"大寒"两节气。"小寒"表示我国大部分地区进入严寒时期;"大寒"表示为一年中最冷的时期。本月气候特点是持续低温和多阴雨雪天气,大部分地区会出现冰冻。

蔬菜农事操作的重点:一是做好早春茄果类、瓜类蔬菜的育苗工作,严防低温高湿造成死苗;二是千方百计保护在田农作物的安全越冬,减少或避免冻害发生;三是继续利用冬闲时期,开展冬季积肥和清洁田园,消灭越冬病虫害;四是制定出本年度的农业生产计划,确保全年农作物增产增收。

一、播种育苗和定植

小葱本月仍可露地播种,品种可选四季小香葱。马铃薯早熟栽培双膜覆盖可于本月下旬播种,品种可选东农303、本地小黄皮、中薯3号等鲜食品种;芋艿特早熟栽培本月下旬保温催芽,2月中旬田间定植。棚栽春夏瓜果蔬菜,如西瓜、甜瓜、瓠瓜、西葫芦、日本小南瓜、黄瓜、苦瓜、五月慢青菜、萝卜、晚春莴笋等可于本月开始播种育苗。采用大棚套中棚、小拱棚等多层覆盖保温育苗,要求尽可能采用电加温线加温。油麦菜、四月慢、五月慢青菜本月可继续在大棚内定植。大(中)棚春夏番茄可于本月下旬定植。

二、田间管理

1. 露地蔬菜管理

本月在田间生长的露地蔬菜有结球甘蓝、青菜、雪菜、黄芽菜、榨菜、花椰菜、青花菜、萝卜、青大蒜等,在管理上重点是做好防寒防冻工作。寒流来袭前,可在夜间用无纺布、旧农膜、稻草、遮阳网等浮面覆盖保暖。同时搞好浅中耕、培土、除草、追肥和雨后及时排水等日常管理工作。

2. 大(中)棚瓜菜管理

(1)瓜菜秧苗管理。本月及上月播种的瓜菜秧苗,需重点抓好育苗棚内温湿度管理。及时揭盖棚膜和小拱棚覆盖物,防止秧苗徒长和发生冻害,遇连续阴雨雪天气,还需用白炽灯等临时补充光照,尽可能采用电加温育苗,有效降低冻害发生。要避免苗床浇水过多,发现猝倒病要及时用药防治。西瓜、甜瓜等进行嫁接育苗,有效防治枯萎病的发生。提倡采用营养土块、塑料营养钵或塑料穴盘育苗,以提高出壮苗率。推荐使用慈溪市中慈生态肥料有限公司最新开发的专利产品——压缩型基质育苗营养钵。该产品以草本泥炭、木质素为主要原料,添加适量营养元素、保水剂、固化成型剂和微生物等,具有使用简便、无缓苗期、成活率高、秧苗质量好、工作效率高等优点。

(2)定植瓜菜的管理。定植瓜菜因作物种类和播种定植时间不同,本月所处的生长发育时期也不同,但一般可分为处于营养生长期的春夏瓜菜和已进入生殖生长期的越冬或冬春瓜菜这两类。本月培育管理的重点:

一是保温防寒防冻。本月为一年中气温最低的季节,常会有寒流、雨雪、冰冻天气,极易造成作物冷害和冻害发生。因此,需要加强棚室保温增温工作,及时扣紧大棚膜密封大棚,大棚内加搭中棚,再加盖小拱棚,夜间在小拱棚外加盖草帘、遮阳网、无纺布等材料保温。必要时在大棚内挂白炽灯、燃油灯等临时加热设备增温。适当增施磷、钾肥或叶面喷施磷酸二氢钾,增施二氧化碳气肥等不仅能提高瓜菜产量,也能明显增强抗寒能力。

二是通风透光降湿。经常性密闭大棚,棚内湿度会明显增大,既不利于棚室增温,影响瓜菜作物生长发育,又会增加病害的发生。因此,必须重视棚室通风透光,降低棚内湿度,同时可及时排出棚内有害气体。可选择晴好天气中午进行通风,通风时要防止冷风直接吹入棚内,造成骤然降温,影响棚内作物正常生长。控制大棚内浇水,肥水应采用膜下滴灌进行,提倡采用烟熏剂或粉剂防病,以减轻棚内湿度。另外注意疏通棚内外沟渠,雨后及时排除积水,有效降低地下水位。

三是保花保果。低温不利瓜菜作物受精结果,易引起畸形果增加和落花落果。应采用人工辅助授粉,或应用植物生长调节剂蘸花或喷涂处理,提高坐果率、降低畸形果比例。如大棚草莓采用蜜蜂授粉可大大提高坐果率;大棚茄果类作物常用防落素蘸花。具体要严格按说明书使用,防止浓度过高产生药害。禁止使用有毒、高残、致畸、致癌化学品。

四是病害防治。大棚瓜菜主要病害有灰霉病、疫病、枯萎病等,应采取农业防治和药剂防治相结合,进行综合防治。在选择对口药剂的同时,尽量少用乳剂,多使用烟雾剂和粉剂。

三、采收

本月可采收的有甘蓝、青菜、萝卜、大白菜、大蒜、小葱、菠菜、花椰菜、蒿菜、青花菜、黄芽菜等多种蔬菜作物,应根据当地市场行情及蔬菜生长情况灵活掌握收获时间。雨雪、冰冻等灾害性天气来临前应抓紧采收上市或进仓保温贮藏。

2月蔬菜生产农事指南

2月有"立春"和"雨水"两个传统节气。"立春"表示春季开始,气温回升,天气日渐暖和;"雨水"表示从今以后雨水逐渐增多。但2月气温仍较低,寒流仍较多,日夜温差较大,常会出现霜冻和雨雪天气,造成农业生产重大损失。

本月农事重点:继续做好防寒防冻保暖工作,加强冬季作物的田间管理,调整并落实农业生产年度计划,适时做好春夏蔬菜瓜果的播种育苗,抓紧春耕的各项工作准备。

一、播种育苗和定植

西瓜育苗采用电热线加温育苗,选用市场适销对路的品种,中果型品种如早佳(84-24)、抗病京欣、申蜜948等,小型西瓜品种如小兰、拿比特等。早栽的大棚西瓜本月开始陆续进行定植,建议农户应用嫁接技术育苗或到专业育苗单位订购嫁接苗进行种植,有效防止西瓜枯萎病的发生。大棚黄瓜一般在2月下旬至3月上旬定植,保温条件较好的可提前定植。继续抓好大棚番茄定植。冬瓜地膜覆盖栽培的可从2月中旬开始播种育苗。早熟黄瓜小拱棚栽培于2月上旬大棚内播种育苗。毛豆大棚特早熟栽培可于2月中旬前后播种;采用"小拱棚+地膜"双膜覆盖栽培的于2月底3月上旬播种,选择春丰早、青酥2号等特早熟优良品种。五月青菜、京丰等平头甘蓝、晚春莴苣和春花椰菜等从本月上中旬开始陆续定植,地膜覆盖栽培。

二、田间管理

1. 棚栽蔬菜管理

春季棚栽蔬菜因作物种类和播种定植时间不同,进入的生长发育时期也不同,但本月一般都处于营养生长期或营养生长与生殖生长共生期。本月棚栽蔬菜重点要做好以下几点。

(1)保温防寒防冻。本月仍可能会有寒流来袭,甚至中到大雪,引起强降温。另外春暖以后,棚室瓜菜生长旺盛,植株抗寒能力显著下降,极易造成作物冻害和冷害。因此,需要加强棚室保温增温工作,寒流来临前及时扣紧大棚膜密封大棚,大棚内加搭小拱棚和中棚,夜间在小拱棚外加盖草帘、遮阳网、无纺布等材料保温。必要时在大棚内挂白炽灯、燃油等临时加热设备增温。采取肥水控制、温度调控等措施提高植株抗逆能力。另外,可采取叶面喷施磷酸二氢钾、施用二氧化碳气肥等措施,增强瓜菜对低温的抵抗能力。

（2）通风透光降湿。气温回升后,棚内湿度会明显增大,既不利于棚室增温,影响瓜菜作物生长发育,又明显增加病害的发生。必须十分重视棚室通风透光,降低棚内湿度,并及时排出棚内有害气体,如氨气、二氧化硫等。根据天气变化和植株生长情况,及时开关棚门、揭盖棚膜通风换气。选择晴好天气中午进行通风,开下风口通风,防止冷风直接吹入棚内,造成骤然降温,影响棚内作物正常生长。注意疏通棚内外沟渠,雨后及时排除积水,有效降低地下水位,减轻棚内湿度,同时也方便田间农事操作。控制棚内浇水喷药,应用膜下滴灌灌溉技术,选择在晴好天气中午进行浇水,以便棚温能及时回升。

（3）保花保果。低温不利作物受精结果,易引起畸形果增加和落花落果。因此应采用人工辅助授粉,或应用植物生长调节剂蘸花或喷涂处理,提高坐果率、降低畸形果比例。大棚草莓采用蜜蜂授粉可大大提高坐果率。在具体应用中要严格按说明书使用,防止浓度过高产生药害。严禁使用致畸致癌高毒高残留药剂。

（4）病虫害防治。气温升高、棚内湿度增加,大棚瓜菜极易发生灰霉病、疫病、枯萎病及蚜虫等危害。应采取农业防治和药剂防治相结合的综合防治技术。在选择药剂时,尽量少用乳剂和水剂,多使用一熏灵、速克灵、百菌清等烟雾剂或粉剂。

2. 露地瓜菜管理

本月露地生长蔬菜主要有青菜、甘蓝、花椰菜、青花菜、榨菜、雪菜等,重点是做好追肥,雨后及时排水,清除田间杂草等工作,遇强冷气来袭时,在作物根部培土、叶面覆盖稻草、遮阳网等进行防冻保暖。

三、采收

本月可采收的蔬菜作物有甘蓝、青花菜、青菜、萝卜、大蒜、菠菜等多种,及时采收上市,丰富节日市场供应。雨雪、冰冻等灾害性天气来临前抓紧采收一批蔬菜上市或进仓贮藏,以减少经济损失。

3月蔬菜生产农事指南

3月有"惊蛰"和"春分"两个节气。农谚有云"惊蛰始雷,大地回春",说明"惊蛰"以后天气转暖,进入初春季节。本月的气候特点是:气温继续回升,但阴雨天气较多,日照不足,天气冷暖变化较大,仍应警惕寒流的侵袭。本月是蔬菜瓜果经济作物播种育苗的大忙时季。

一、播种育苗和定植

本月要在2月的基础上,继续抢播种速生叶菜,抢育西(甜)瓜、玉米、茄果类蔬菜秧苗。早熟黄瓜、冬瓜本月上旬内结束播种育苗。番茄、辣(甜)椒、茄子、黄瓜、日本小南瓜、西瓜、豇豆、四季豆、春萝卜等本月内小拱棚播种育苗。菜用毛豆本月播种育苗,特早熟、早熟毛豆月初小拱棚加地膜双膜覆盖直播。黄瓜、西瓜、南瓜、丝瓜、苦瓜、冬瓜、四季豆等品种本月可进行露地播种育苗。荠菜、茼蒿、芫荽、油麦菜等叶菜继续播种。韭菜用种子育苗繁殖的,下旬开始播种,如用分株繁殖的,可在下旬定植。大棚春黄瓜可在上中旬定植结束。五月慢、平头春甘蓝、晚春莴苣、春花菜等可继续定植。大棚西瓜等本月开始抓紧时间定植。专用育苗地培育草莓苗,本月进行母本苗定植。

二、大(中)棚瓜菜管理

1. 温湿度调控

茄果类为主的大棚蔬菜,晴好天气上午要适当提早开门或卷起边侧棚膜通风。阴雨天可打开南门通风,降低棚内湿度。下午5时后覆盖好薄膜保温。通风时要注意防止冷风直接吹入棚内。大棚草莓可拆除二层内膜,加强通风。

2. 保花保果

茄果类蔬菜可用防落素点花或喷花序,但要注意不可重复喷和尽量避免喷到叶片。瓜类作物可用坐瓜灵等植物生长调节剂涂于花柄、子房或喷花。随着温度升高,使用植物生长调节剂浓度要相应减低。西瓜、甜瓜、南瓜、瓠瓜等可进行人工辅助授粉。

3. 追肥

在坐果或始采收后,要适当追肥,做到薄肥勤施,每次亩施三元复合肥料 10~15 千克或尿素 5~8 千克。也可叶面喷施 0.2%磷酸二氢钾等进行根外追肥。提倡二氧化碳施肥,提高大棚内二氧化碳浓度,以提高光合作用利用率,促进植株生长发育,提高产量与品质。

4. 病虫害防治

本月易发生灰霉病、叶霉病、菌核病、霜霉病及一些细菌性病害。应加强田间管理,注意天气预报,做好防寒、保温和通风降湿。选择对口农药,尽量少用乳剂,多使用烟雾剂和粉剂。

三、露地瓜菜管理

本月宁波市在田露地蔬菜,如榨菜、雪菜等受冻害的影响已逐步消除,生长全面恢复。当前,在田露地蔬菜仍种类较多,主要有榨菜、雪菜、芥菜、春甘蓝、四月慢、五月慢、茼蒿、菠菜等,重点是做好清沟排水、追肥除草、病虫防治等培育管理工作。

四、采收

本月可采收作物主要是蔬菜类,有萝卜、大白菜、小白菜、甘蓝、花椰菜、菜薹、芹菜、菠菜、大蒜、茼蒿、草莓等,因上一阶段长期低温阴雨雪影响,叶菜类蔬菜相对较往年偏少。各地要根据蔬菜的生长情况和市场行情,灵活掌握收获期,及时采收上市。

4月蔬菜生产农事指南

四月有“清明”和“谷雨”两个传统节气,“清明”表示春末天气由阴雨多云转为晴朗；"谷雨"是"雨生百谷"的意思。有农谚云"清明前后,种瓜种豆""谷雨栽早秧,季节正相当",表明本月是春耕春种大忙季节。本月的气候特点:气温显著上升、昼夜温差较大、降雨量激增,但天气冷暖变化较大,仍有可能突然降温,出现"倒春寒"天气。

本月农事操作的重点:抓好春播蔬菜瓜果等的播种育苗和田间管理工作,以及在田蔬菜瓜果的培育管理工作。

一、播种育苗和定植

菜瓜、丝瓜、早熟毛豆、豇豆等本月露地播种,争取上旬播种结束。大棚西瓜本月上旬结束定植。中熟毛豆中旬开始陆续播种。茭白、芋艿分别在上旬和中旬开始栽种,下旬结束。韭菜可在上旬继续播种育苗和分株定植。大葱可在本月内播种育苗。小拱棚黄瓜、地膜露地番茄、四季豆等可分别在上中旬开始定植。地膜辣椒、茄子和黄瓜等本月中、下旬定植。为育成更多草莓生产苗,本月上、中旬可挑选健壮生产苗作母本苗进行定植繁苗;采用露地越冬苗作母本的尽可能在本月上旬定植大田。

蔬菜播种、育苗和定植前要求耕翻土地,深沟高畦,畦面呈龟背形,有机肥和磷肥开沟深施,化肥撒施后浅翻耕。秧苗定植前进行炼苗,选择晴好天气,做到带肥、带药、带土定植。定植不宜过深,栽后立即浇定根水,以提高定植质量。

二、田间管理

1. 大(中)棚瓜菜管理

本月大(中)棚管理主要有温湿度管理、植株整理、肥水管理及病虫防治等几个方面。

(1)温湿度管理。本月初开始,气温上升较快,大棚管理以通风降湿为主,冷空气来临前,及时关闭棚膜保温。大棚茄果类、瓜类蔬菜,晴好天时,上午要适当提早开门或卷边棚膜通风。阴雨天可打开南门通风,降低棚内湿度。下午17时前后重新覆膜保温。大棚草莓尽可能加大通风、增加光照,降低棚内湿度,减少病害发生,以及畸形果比例。

（2）保花保果。番茄、茄子、辣椒等可用防落素点花或喷花序,但要注意不可重复喷和尽量避免喷到叶片,气温升高后,应适当降低浓度,以免产生药害。西(甜)瓜、西葫芦等可采用人工辅助授粉和坐果灵点花相结合。

（3）整枝绑蔓和疏花疏果。茄果类、瓜类蔬菜要及时进行搭架、整枝与绑蔓,摘除老叶、黄叶和病叶,摘除畸形果,及时疏花疏果,以提高坐果率和果实的产量与品质。

（4）肥水管理。在果实进入膨大期后或开始采收后,追肥要薄肥勤施,以满足蔬菜生长发育对营养的需求,追肥以速效肥为主。追肥浇水选择晴天上午进行,浇水后闭棚1小时以提高棚温,然后放风排湿。根外追肥可结合病虫害防治进行,采用磷酸二氢钾或其他叶面肥进行喷雾。大棚瓜菜提倡进行二氧化碳施肥,促进植株生长发育,提高产量与品质。大棚内土壤经常保持湿润,表土发白要及时浇水,可采用人工浇水或沟灌,大力推广地面全程地膜覆盖和膜下滴灌灌溉技术。

（5）病虫防治。病虫害防治要采用农业防治和药剂防治相结合,进行综合防治。加强田间管理,注意天气预报,做好防寒、保温和通风降湿。选择对口农药,在安全间隔期内进行药剂喷雾防治。大棚内尽量少用乳剂,多使用烟雾剂和粉尘剂。

2. 小拱棚蔬菜管理

小拱棚特早熟、早熟栽培的毛豆、芋艿、马铃薯等蔬菜要及时破膜放苗,本月中旬前后,密切注意天气变化,中午气温过高时,要及时揭膜通风,防止高温灼伤,严重影响产量。中下旬后,根据天气情况和蔬菜生长情况,可拆除小拱棚,转为露地培育管理。

3. 露地蔬菜管理

本月在田露地蔬菜主要有小白菜、青菜、茼蒿、菠菜、萝卜、菜薹、芹菜、马铃薯等,在做好清沟排水、追肥、病虫害防治等培育管理工作的同时,对已可采收的蔬菜,要及时进行采收上市。

三、采收

本月可采收的蔬菜作物较多,主要有榨菜、茼蒿、菠菜、青菜、甘蓝、花椰菜、芹菜、番茄、茄子、辣椒、黄瓜、草莓、莴苣等。各地要根据作物生产情况及市场行情及时采收上市。提倡对农产品进行分级包装后上市,以提高市场售价,增加经济收入。

5月蔬菜生产农事指南

5月有传统的"立夏"和"小满"两节气。本月气候特点是气温迅速升高,雨水开始增多,时有大风暴雨,但总体上本月气候条件对各类蔬菜瓜果作物的生长较为有利。

本月农事操作的重点:做好春播蔬菜瓜果作物的田间管理,以及大棚西瓜、番茄等的日常管理和采摘上市工作。

一、播种育苗和定植

青菜、小白菜等速生叶菜可分期分批撒直播,品种可选择矮抗青、早熟5号等耐热性较好的品种。夏甘蓝本月开始可露地播种育苗,但应选择合适的品种,早播的夏甘蓝在本月中旬前后抓紧定植。茎用莴苣选用优质品种可在本月露地播种育苗。宁波绿豇豆本月下旬播种,6月定植。毛豆应根据不同品种要求,做到适期播种,以免发生不必要的损失,中熟毛豆(如7月拔、8月拔)5月上旬前播种结束,晚熟毛豆(如9月拔)5月下旬开始露地播种。草莓母本苗应抓紧时间尽早定植,及早成活,争取早发苗、多发苗。丝瓜、菜瓜等抓紧定植。其他如苋菜、木耳菜、菜心、萝卜、苦瓜等蔬菜瓜果作物本月均可播种。

二、田间管理

1. 大(中)棚蔬菜瓜果管理

(1)温湿度管理。大(中)棚西瓜、番茄、茄子、黄瓜等要加强通风换气,降低棚内湿度,注意肥水调控,防止植株徒长和病害发生。中午气温过高时,应加大通风量,防止高温危害和早衰。雨天或大风天气,及时关闭棚门、加固棚架,防止雨水和大风直接进入棚内。注意清理沟渠,雨后及时排水。

(2)肥水管理。5月瓜菜生长迅速,大部分瓜菜作物已进入开花结果期或果实膨大期或营养生长旺盛期,对肥水的需求量很大。因此,需要科学追施肥水。追肥应少量多次,浓度不宜过高。追肥时适当增施磷钾肥,以提高植株抗逆能力。应用磷酸二氢钾或其他专用叶面肥进行根外追肥。浇水可结合追肥进行,提倡采用滴灌或膜下滴灌方式进行。

(3)日常管理。及时进行搭架、整枝、绑蔓,摘除老叶、黄叶、病叶和畸形果,及时疏花疏果、人工授粉、坐果灵点花等工作,以提高坐果率和果实的产量品质。使用植株生长调节剂蘸花或点花时,随着气温升高,浓度应适当降低,以免产生药害。

(4)病虫害防治。本月是病虫害高发期,使用化学农药应严格按照无公害蔬菜生产要求,科学选用对口药剂,在安全间隔期内进行防治。优先采用农业防治、物理防治和生态防治,大力推广安全生物农药。

2. 小拱棚蔬菜瓜果管理

根据天气和蔬菜生长情况,小拱棚栽培的黄瓜、毛豆本月上旬于晴好天气拆棚撤膜,黄瓜及时搭架绑蔓。小拱棚茄子应尽可能延长薄膜覆盖期。小拱棚冬瓜和豇豆要加强通风管理,中下旬撤膜后,豇豆要及时搭架。拆除小拱棚后即转为露地管理。

3. 露地蔬菜瓜果管理

露地瓜菜根据不同蔬菜种类和生长情况,重点是做好清理沟渠、中耕除草、培土、追肥浇水、清洁田园、搭架绑蔓、整枝和病虫害防治等工作。

三、采收

本月可采收的瓜果蔬菜作物很多,有西(甜)瓜、番茄、辣(甜)椒、茄子、结球甘蓝、小白菜、青菜、早熟毛豆、蚕(豌)豆、马铃薯、萝卜、韭菜等。应根据作物生育进程和市场情况,及时采收,分级后上市供应。

6月蔬菜生产农事指南

六月有"芒种"和"夏至"两个节气。本月气候特点是气温继续升高,一般中旬前后进入梅雨季节,易发生洪涝灾害。总体上本月气候条件适宜喜温和耐热作物生长发育。

本月农事操作的重点:继续抓好春播瓜菜的田间管理和大棚作物的培育管理及采收工作;及早抓好沟渠清理以及农作物病虫害防治工作。

一、播种育苗和定植

青菜、小白菜分期分批播种,品种可选择夏云、早熟5号等耐热性较好的品种。夏秋甘蓝本月6月中下旬播种,在9中旬至10月上市。早秋芹菜一般于6月中旬至7月上旬播种,品种可选早青芹或耐热品种如意大利夏芹等。晚熟毛豆一般于本月底前播种结束。秋豇豆一般6月中旬至7月中旬直播。夏秋瓜类一般本月中旬至7月中旬播种。秋茄子、秋辣椒下旬播种育苗。生菜、莴苣等可在本月继续播种。瓜菜播种育苗时应注意选择适宜高温季节栽培的品种,采用遮阳避雨设施育苗。

二、田间管理

1. 大(中)棚蔬菜瓜果管理

大(中)棚春季瓜菜本月大多处于旺盛生长期和成熟采收期。其田间管理重点:①通风降温和避雨。大(中)棚西瓜、番茄、茄子、黄瓜等以通风降温为主,防止高温危害,以提高后期产量和品质,并可延长果实采收期。雨天或大风天气,及时关闭棚门、放下裙膜,防止雨水和大风直接进入棚内。清理棚外沟渠,雨后及时排水。②继续做好培育管理。适当追施肥水,及时整枝、绑蔓,摘除老叶、黄叶、病叶和畸形果,加强病虫防治等工作。③春季大(中)棚瓜菜采收结束后,及时做好清洁田园工作。根据茬口安排种植一季小白菜、木耳菜等速生叶菜,或利用夏季自然高温进行土壤处理,杀灭土壤残留的病菌和地下害虫。

大(中)棚秋季瓜菜重点是抓好壮苗培育工作。大棚秋茄子、秋辣椒的播种适期为 6 月下旬至 7 月上旬。其营养土配制、种子消毒、浸种催芽、播种、移苗等育苗技术与春季大棚茄子、辣椒育苗技术相同。但在 6—7 月高温和多雨期间育苗,需采用防雨和遮阳棚设施育苗;在晴天上午 10 时至下午 15 时左右高温时间进行遮阳网覆盖降温,防止高温伤苗。另外,要特别重视蚜虫与病毒病的防治。

2. 露地蔬菜瓜果管理

本月露地栽培的瓜菜作物甚多,大多处在采收和营养生长旺期,要加强肥水管理,减少高温干旱和梅(暴)雨的影响。针对不同瓜菜品种栽培技术要求,精细培育管理,以获得优质高产高效。重点是做好清理沟渠、中耕除草、培土、追肥浇水、清洁田园、搭架绑蔓、整枝、病虫害防治等工作。已进入采收期的瓜菜作物,及时采收上市。高温多雨季节,极易发生病虫危害,要正确选择和使用农药,禁用高毒、高残农药,并严格注意农药的安全间隔期。

三、采收

本月可采收的瓜果蔬菜作物有很多,如西(甜)瓜、番茄、辣(甜)椒、茄子、小白菜、毛豆、瓠瓜、南瓜、丝瓜、黄瓜、带豆、四季豆、韭菜等。应根据作物生育进程和市场情况,及时采收分级后上市供应,以获取较高的经济收入。

7月蔬菜生产农事指南

7 月有"小暑"和"大暑"两节气,为一年中最热的月份之一。本月气候特点:出梅后进入盛夏,雨水明显减少、气温显著上升,雷(暴)雨、台风等灾害性天气频度增加,对蔬菜生产影响很大。

本月正值中伏前后,为一年中最炎热的月份之一。农事操作的重点：抓好以防高温、防涝、防病虫和加强肥水为中心的春夏蔬菜田间管理，强化无公害标准化生产，保证以叶菜类为重点的夏季蔬菜安全；抓紧落实适种秋菜的播种育苗，适当扩大面积，确保秋淡季蔬菜供应；做好农作物秋播的各项准备工作。

一、播种育苗和定植

分期分批播种小白菜、木耳菜、空心菜、生菜、萝卜缨、芹菜等速生叶菜类，有条件的尽可能多采用大棚、防虫网、遮阳网等设施。本月中下旬前后，根据不同品种的熟性，适时播种、定植秋黄瓜、秋番茄、秋刀豆、秋豇豆、秋甘蓝、秋萝卜、秋西瓜、秋花椰菜、早秋大白菜、秋莴苣等蔬菜瓜果。选择地势高燥、排水性能良好的田块，搭棚遮阴避雨降温培育壮苗，并覆盖防虫网防虫。芹菜、莴苣在播种前种子要进行低温催芽处理。要大力示范和推广采用穴盘基质育苗技术，提高秧苗素质和生产效率，并能有效抗击（避免）台风危害。开展以青花菜生产为代表的土壤机械翻耕、机械整地、机械播种和机械插种、机械肥水灌溉的机械化操作，大大提高劳动生产率，推进现代农业发展。

二、田间管理

1. 大（中）棚蔬菜瓜果

本月大（中）棚瓜菜以大棚西瓜为主，重点是通风降温，防止高温危害，以提高后期产量和品质，并可延长果实采收期。暴风雨天气，及时关闭棚门，拉紧压膜带（绳），防止大棚损坏，雨后及时排水。大（中）棚春番茄、黄瓜等采收结束后，及时清洁田园，利用夏季高温连续灌水或进行高温闷棚处理土壤，减轻土壤次生盐渍化和杀灭土壤残留的病菌和地下害虫。也可根据茬口安排种植一季小青菜、木耳菜等速生蔬菜。

2. 露地蔬菜瓜果

本月在田的露地蔬菜瓜果作物较多，大多数作物处于采收期和营养生长旺期，要加强肥水管理，减少高温和台风暴雨的影响。农事重点：一是清理沟渠，降低地下水位，保持沟渠通畅，暴雨后及时排除田间积水,防止涝渍害发生。二是加强肥水管理,底肥要充分腐熟、追肥宜淡、做到薄肥勤施,适当增加根外追肥次数。浇水抗旱和追肥在早、晚或阴天进行,做到凉水凉地凉时浇。三是抓好中耕除草和培土工作,高温干旱期更要重视浅中耕,切断土壤毛管,减少水分蒸发。四是台风天气过后,骤然高温烈日,要及时给农作物覆盖遮阴,以免叶片和果实灼伤。五是继续做好病虫害防治和安全用药工作,大力推广性诱剂、黄板、频振式杀虫灯等非化学防治技术。优先选用生物农药、高效低毒农药。重视农药的安全间隔期,防止农药中毒事件的发生。

三、采收

本月可采收的蔬菜瓜果作物有茄果类、瓜类、豆类、叶菜类等。应根据作物生育进程和市场情况及时采收上市,在早上或傍晚进行,分包装后,采用农残速测仪等进行快速农残检测,合格后及时供应市场。注意天气预报,在台风到来前,抢收一批蔬菜瓜果上市或进仓储藏,以减少台风灾害损失。

8月蔬菜生产农事指南

八月有"立秋"和"处暑"两节气。"立秋"节气在习惯上作为秋季的开始,表示从此以后,气温开始逐渐下降;"处暑"节气是"暑气至处而止"的意思,表示炎热的夏天就要过去。本月气候特点:白天仍然炎热,但下旬开始早、晚渐凉;台风、雷暴雨、高温、干旱等灾害性天气仍频繁,对农作物的影响很大。

本月农事操作的重点:抓好夏季蔬菜的采收和秋季蔬菜的播种育苗和定植工作,确保蔬菜安全;加强田间管理及病虫草害的防治;做好预防台风、高温、干旱等灾害性天气的各项准备工作。

一、播种育苗和定植

继续分期分批播种小青菜、木耳菜、空心菜、生菜、萝卜缨等速生叶菜,要求湿籽湿播,尽可能采用遮阳网、防虫网覆盖。根据不同品种的特性,搞好播种育苗和定植工作。秋甘蓝、秋西(甜)瓜、秋黄瓜、秋番茄、秋豇豆、蔓生菜豆、早熟花椰菜、青花菜、早秋芹菜、早熟大白菜等本月上旬仍可继续播种育苗。青菜、秋菠菜、秋莴苣、菜心、小葱、萝卜、苦瓜等本月播种育苗。中晚熟大白菜、西芹、大蒜、秋马铃薯、秋雪菜、大棚秋菜豆等本月中下旬开始播种育苗。大(中)棚保护地栽培的秋番茄、秋西瓜、秋黄瓜于本月中下旬陆续开始定植。播种育苗时,宜选择地势高燥、排水性能良好的田块,搭棚遮阴避雨降温育苗,并覆盖防虫网。芹菜、莴苣在播种前要进行种子低温催芽处理。

二、田间管理

1. 大(中)棚蔬菜瓜果

重点是大棚西瓜生产和秋菜育苗定植。大棚西瓜田间管理重点是通风降温、防止暴雨和台风袭击,以提高后期产量和品质,并可延长果实采收期。暴风雨、台风来临前,及时密闭棚门、加固大棚,防止损坏,雨后及时排水。其他大棚蔬菜在前作采收完毕后及时清洁田园,利用八月高温天气连续灌水或进行高温闷棚处理土壤,以减轻土壤次生盐渍化和杀灭土壤残留的病菌及地下害虫。不进行土壤消毒处理的,可根据茬口安排种植一季小青菜、木耳菜等速生蔬菜。秋菜播种育苗主要是利用大(中)棚设施进行遮阳降温避雨,防止高温伤苗和暴雨直接冲刷秧苗,培育壮苗。中下旬在大棚内定植的西瓜、番茄等重点是做好通风降温工作,但要避免过度遮阴,造成秧苗细弱徒长。

2. 露地蔬菜瓜果

本月以秋季瓜果蔬菜播种、育苗和定植为重点。在充分利用设施进行育苗,减少暴雨、台风和高温干旱影响的同时,要加强肥水管理。农事操作重点:一是及早做好沟渠清理工作,夯实堤埂,保证排灌两利,增强抗灾能力;台风、暴雨后及时排除田间积水,防止涝渍害发生。二是加强肥水管理。底肥要充分腐熟,追肥宜淡,做到薄肥勤施,适当增加根外追肥次数。局部地区旱情较重的,要在早晨或傍晚抓紧时间浇水抗旱,但切忌在中午前后气温已较高时浇灌,以免伤苗。三是抓好中耕培土工作。结合除草适时浅中耕,切断毛细管,减少土壤水分蒸发,有利于旱情减轻。台风暴雨来临前及时加固长豇豆、丝瓜、黄瓜等棚架,防止被大风吹倒。风雨过后及时检查,根部培土扶正植株。四是继续做好病虫害防治和安全用药工作。除抓好清洁田园、勤除杂草、绑蔓整枝等日常管理工作外,采用防虫网覆盖,杀虫灯、推广性诱剂、黄板(蓝板)等非化学防治技术,尽可能选用印楝素等高效低毒农药或生物农药进行病虫害防治。十分重视农药的安全间隔期,严禁在安全间隔内采收上市,以防止农药中毒事件的发生。五是及时清除田间杂草。夏秋高温多雨季节,田间杂草生长迅速,不但与蔬菜瓜果作物争水争肥争光,影响作物生长和壮苗培育,而且极易滋生病虫害。因此,要采用人工拔除、铺黑白双色地膜与化学药剂除草等相结合,及早消除草害。

三、采收

本月可采收的瓜果蔬菜作物很多,有西(甜)瓜、丝瓜、苦瓜、辣椒、茄子、瓜类、长豇豆、小白菜、苋菜、木耳菜等。应根据不同瓜果蔬菜作物的生育进程和市场行情灵活掌握采收期,采收应选择在早上或傍晚进行,分级后及时供应市场。台风、暴雨来临前及时抢收一批蔬菜,灾后影响严重蔬菜瓜果也应及时抢收上市供应,以减少灾害损失。

9月蔬菜生产农事指南

九月有"白露"和"秋分"两个节气。"白露"是指晚上空气中的水汽开始在草木上凝结成为白色露珠的意思,表示从此以后天气转凉;"秋分"是指平分秋季90天的日子,这时白天和黑夜几乎等长。本月气候特点:天气由热转凉,除上中旬偶有台风灾害影响外,高温、雷暴雨、台风等灾害性天气发生的可能性已大大降低,中、下旬平均气温稳定降到 20℃ 以下,多秋雨。

本月农事重点:及时搞好冬季农业开发规划;抓好秋季蔬菜生产、管理和采收,搞好冬春蔬菜的播种育苗工作。

一、播种育苗

1. 大棚蔬菜瓜果

本月是大棚越冬栽培的茄子、番茄、辣椒播种育苗适期,此期气温较高、雨水较多,播后出苗快、幼苗生长迅速,但易发生徒长。为培育齐、壮苗,应尽可能采用塑料大棚设施通风降温避雨育苗。幼苗长至 2 叶 1 心时,及时移苗。近年来烟粉虱的危害十分严重,为避免番茄黄化曲叶病毒病的大发生,在抓好对烟粉虱防治的同时,可适当推迟播种,以避开烟粉虱高发期,或采用防虫网覆盖播种育苗,可有效降低病毒病的发生危害。

2. 露地蔬菜

秋白菜、秋芹菜、秋马铃薯、萝卜、菠菜、秋茼蒿、茎用莴苣、榨菜、雪菜等本月播种育苗或分期分批播种。必须选择合适品种,抓紧整地播种,严把质量关。莴苣、芹菜本月下旬至 10 月中旬播种;榨菜、雪菜本月底至 10 月上旬播种育苗;鲜食豌豆反秋栽培本月上中旬播种,11 月初即可采摘上市;秋马铃薯 9 月上旬前播种完毕;青大蒜(苗)可从 8 月播种至本月上旬;洋葱本月中旬播种育苗等。另外,可继续分期分批播种速生蔬菜,如小白菜、菠菜等,保证淡季蔬菜市场供应。

二、定植

本月可继续进行花椰菜、青花菜、结球甘蓝、早秋芹菜等的定植,一般要求在本月上旬定植完毕;8 月中旬播种的秋莴苣,可在本月中下旬定植,采用地膜覆盖栽培;大棚草莓本月上、中旬定植,月底前结束,定植过迟将严重影响草莓产量。定植时应选择合适的田块,根据不同作物的品种特性,确定适宜的株行距,在阴天或下午 15 时后进行移栽,并浇足定根水。必要时用遮阳网覆盖 2~3 天,以确保成活,提高定植质量。

三、田间管理

本月秋季蔬菜瓜果进入营养生长旺盛期和开花结果期,要重点做好培育管理工作。

1. 大棚蔬菜瓜果

管理重点:一是通风降温避雨,上中旬气温仍较高,应卷起大棚四周裙膜,加大通风,暴风雨来临前及时盖好棚膜,拉紧压膜带,雨后及时揭膜通风。二是加强肥水管理,大棚内气温高、瓜菜生产旺盛,必须及时补充肥水,保持土壤湿润,有条件的宜采用滴灌灌溉。三是保花保果,应用植株生长调节剂保花保果,适当降低使用浓度,16 时后进行点花。大棚秋西瓜、厚皮甜瓜则要求采用人工辅助授粉坐瓜。

2. 露地蔬菜瓜果

露地蔬菜瓜果应根据不同作物的生育期,按照无公害瓜菜生产技术要求,做好培育管理工作。如及时间苗、中耕除草、搭架与引蔓上架、及时整枝、摘除老(黄)叶和病叶、合理追肥、雨后及时排水等。早熟花椰菜、早秋甘蓝、早熟大白菜等正当迅速生长和养分积累期,应及时中耕除草、薄肥勤施,并抓好病虫害防治。秋毛豆、秋花生处于开花结荚期,长势差的要结合增施磷、钾肥,适当补施氮肥,根外追施磷酸二氢钾和硼砂,促进果荚饱满。早秋西瓜已处膨大期,重点要做好肥水管理。

四、病虫害防治

9 月蔬菜作物以十字花科为主,虫害主要有斜纹夜蛾、甜菜夜蛾、小菜蛾、菜青虫等,可用除尽、菜喜、抑太保加米满、农地乐等加以防治。近年来烟粉虱的危害越来越严重,对蔬菜瓜果作物造成严重危害,要作为重点进行防治。病害主要有花椰菜黑斑病,小白菜、大白菜白斑病等,可用代森锌、百菌清或新万生等药剂防治;甘蓝黑腐病、小白菜软腐病可用农用链霉素防治;茄果类等育苗主要防猝倒病,除用代森锌拌种外,可定期用托布津或百菌清轮换喷治;豇豆要注意防治豇豆荚螟、红蜘蛛、蚜虫、美洲斑潜蝇等;茭白重点是做好螟虫的防治工作。农药使用应严格按照无公害蔬菜生产的有关要求进行,除严禁使用高毒高残留农药外,采收前必须严格掌握各种农药的安全间隔期。

五、采收

本月可采收的蔬菜较多,有小白菜、苋菜、秋带豆、毛豆、萝卜、茭白、冬瓜、丝瓜等,需及时采收,丰富淡季蔬菜市场供应。本月上中旬,若有台风暴雨等灾害性天气来临,应抓紧时间抢收一批蔬菜瓜果上市或进仓库临时贮藏,以降低损失。

10月蔬菜生产农事指南

10月有"寒露"和"霜降"两个节气。"寒露"表示"露气寒冷","霜降"表示露水已凝结成霜。本月气候特点是秋高气爽、光照充足、降水量显著减少,气温日渐下降,昼夜温差大,有利于农作物的生长和营养积累。秋收冬种大忙季节从本月开始。

本月农事重点:加强秋菜培育管理,做好春季大棚茄果类蔬菜和早春蔬菜播种育苗及明年夏熟蔬菜的育苗准备等工作。

一、播种育苗

10月播种育苗的露地早春蔬菜品种有:春甘蓝,春甘蓝对播种期要求严格,各地要选择合适的品种适时播种,一般本地的播种适期为10月上旬。榨菜、雪菜、莴笋、芹菜等9月底至10月上旬播种,出苗后及时间苗、除草,防止秧苗徒长。秋冬菠菜、油麦菜、小葱等本月可分期分批播种。蚕豆本月中下旬播种,播种前应进行选种、晒种,提高种子发芽率和出苗整齐度。白菜、菜薹本月上中旬至中下旬播种育苗,11—12月定植。

10月大(中)棚栽培播种育苗的蔬菜品种主要有番茄、茄子和辣(甜)椒。各地要根据市场需求,因地制宜,选择早熟、抗病、耐寒、优质、高产的品种,适时播种,培育壮苗。番茄品种可选百泰、桃星、T-04017(宁波市种子公司选育)等适合宁波市场需求的品种,建议优先选用 T-04017、百泰等优质耐贮运番茄品种,本月中、下旬至 11 月上、中旬播种;樱桃番茄可选千禧、金玉、京丹绿宝石、黄妃等优质品种。茄子可选用杭茄 1 号、引茄 1 号、宁波藤茄等,10 下旬至 11 月中旬播种育苗。辣椒品种有杭州鸡爪×、吉林早尖椒等;甜椒品种有中椒系列等。同时,从本月下旬开始要密切关注天气预报,严防寒潮来袭,造成秧苗冷害或冻害发生。

二、秋冬季瓜菜培育管理

秋冬季大棚蔬菜主要是喜温的瓜类、茄果类以及草莓等作物,应根据天气变化,及时做好盖膜保温和揭膜通风降温工作,调节棚内温、湿度,同时加强肥水管理,满足蔬菜生产发育需要。天气转凉后,棚内湿度增大,易发生灰霉病、疫病等危害,要合理选用农药及时防治,同时抓好红蜘蛛、蓟马等虫害的防治工作。大棚草莓本月重点是清除杂草,下旬覆盖地膜,冷空气来临前及时扣好大棚膜保温。秋冬番茄要特别重视对烟粉虱的防治,以减轻黄化曲叶病毒病危害。

露地秋菜包括秋青菜、甘蓝、花椰菜、大白菜、萝卜、胡萝卜等,栽培面积较大,在进入结球期或根茎膨大期后,要重施肥水,满足作物快速生长需要。本月仍要加强对霜霉病、软腐病,菜青虫、小菜蛾、蚜虫、斜纹夜蛾等病虫害的防治。

三、采收

本月可采收的蔬菜有:青菜、萝卜、秋豇豆、田藕、大蒜、甘蓝、茭白、秋西(甜)瓜等,各地要根据作物生长情况及市场行情灵活掌握,及时采收上市。

11 月蔬菜生产农事指南

11 月有"立冬"和"小雪"两节气。"立冬"在我国表示冬季的开始,"小雪"则表示开始下雪,但雪下得不大。本月气候特点是上旬连续雨水天气较多,后期相对晴朗,气温持续下降,冷空气活动增多,中下旬开始可能会出现霜冻。

本月农事重点:及早搭建大(中)棚并覆盖棚膜,做好大(中)棚蔬菜瓜果育苗、移栽和日常管理工作,注意保温防寒;加强露地蔬菜的培育管理。准备好西瓜、马铃薯等冬春季播种种子,以及采购落实大棚膜、无纺布、电加温线等保温御寒材料。

一、播种育苗和定植

1. 露地蔬菜

11月露地播种育苗和定植的早春蔬菜品种有:菠菜、小葱等本月可继续分期分批播种。蚕豆10月中下旬至11月上旬播种,豌豆本月中下旬至12月初播种。白菜、菜薹可根据播种迟早分期分批定植。早春甘蓝、莴苣本月下旬至12月上旬定植。榨菜本月中下旬定植,最迟不迟于11月25日。春雪菜11月中下旬定植。

2. 大棚蔬菜

大棚设施内播种育苗和定植的蔬菜有:春番茄本月上中旬前播种育苗,大番茄选择百泰、T-04017、桃星等适合宁波市场需求的品种;适当种植樱桃番茄,品种可选金珠、千禧、黄妃、京丹绿宝石等黄果、粉红、红果、青绿品种。茄子可选用杭茄1号、引茄1号、宁波藤茄等品种,可在10下旬至本月中旬播种育苗。辣(甜)椒本月播种,辣椒品种可选杭州鸡爪×、吉林早尖椒等,甜椒品种有中椒系列等。南瓜、黄瓜本月可选择合适的品种播种育苗。8月下旬至9月中旬播种的茄果类蔬菜可在本月中下旬定植。其他如春甘蓝、春花椰菜等选择合适的品种可在本月播种育苗;菠菜、白菜、木耳菜等也可于本月在大棚内播种育苗。

二、田间培育管理

1. 露地蔬菜

露地冬菜包括白菜、甘蓝、花椰菜、青花菜、大白菜、萝卜、胡萝卜等作物种类,栽培面积较大,重点是做好施肥、浇水、壅土、除草、治虫等田间管理工作。甘蓝、萝卜等在进入结球期或根茎膨大期后,要特别注意重施肥水,满足作物快速生长需要。在寒流来临前可用稻草、无纺布、遮阳网或薄膜等浮面覆盖保温,以防发生冻害。

2. 大棚蔬菜

冬季大棚蔬菜主要是喜温的瓜类和茄果类作物,本月管理重点是保温防寒。应根据天气及作物生长情况,及时做好覆膜保温和通风降湿工作。同时,要加强肥水管理,满足蔬菜生长发育需要。大棚覆膜保温后棚内湿度往往较大,易发生灰霉病、疫病等危害,要合理选用农药及时防治,尽可能用烟熏剂。大棚内地面采用地膜全程覆膜和膜下铺设滴灌带进行施肥浇水,可有效降低棚内湿度。寒流来袭前及时放下裙膜,密闭棚门保温御寒,及早准备好中(内)棚材料,必要时在大棚内搭建中棚(也称二道膜),也可搭建小拱棚。宁波地区 11 月气温不会过于寒冷,一般情况下不必进行二膜或三膜覆盖保温。

三、采收

本月可采收的蔬菜有白菜、大白菜、雪菜、萝卜、秋番茄、辣椒、甘蓝、芹菜、大蒜、青葱、田藕、西瓜、甜瓜等多种作物,应根据市场行情及蔬菜生长情况灵活掌握收获期。秋西(甜)瓜、秋番茄本月进入采收末期,应抓紧时间采收,让地给下一茬作物。

12 月蔬菜生产农事指南

12 月有"大雪"和"冬至"两节气。"大雪"节气表示下雪逐渐加大。本月雪区从北向南快速扩大,黄河流域一带将逐渐出现积雪。"冬至"节气是真正寒冬到来的意思,此时白天最短、黑夜最长,气温继续降低。本月气候特点是天气晴朗,由冷转冻,气温显著下降,冷空气频繁侵袭。农事操作重点是保温和防止冻害发生。主要农事:一是春播蔬菜瓜果播种育苗;二是以农作物安全越冬为重点的田间管理;三是利用农闲时节开展冬季积肥和清洁田园工作。

一、播种育苗和定植

1. 露地蔬菜

春菠菜、小葱等在本月可继续分期分批播种;结球生菜本月播种育苗;早春甘蓝、四月慢白菜本月上旬定植结束。地膜和露地栽培的春番茄本月中下旬在保护地内育苗,品种优先选择百泰、桃星、T-04017等在宁波本地市场适销对路的番茄品种;樱桃番茄可选千禧、金玉、金珠、黄妃、京丹绿宝石等品种。

2. 大(中)棚春夏蔬菜瓜果

大棚西瓜、甜瓜、瓠瓜、葫芦、苦瓜、木耳菜、萝卜等可于本月播种育苗。春黄瓜本月下旬至1月上旬播种育苗。春夏番茄、茄子、辣(甜)椒等茄果类蔬菜本月开始在大棚内定植。

二、田间管理

1. 露地蔬菜管理

本月在田间生长的露地蔬菜有结球甘蓝、青菜、雪菜、榨菜、花椰菜、青花菜、萝卜等。在管理上主要搞好浅中耕、培土、除草、追肥和雨后及时排水等工作,花椰菜、青花菜成熟后及时采收上市,提高商品质量。已可采收的大白菜、黄芽菜等在本月要做好防冻工作,可用稻草、旧农膜、无纺布等在冷空气来临前覆盖保温,天气转暖后及时揭除。

2. 大(中)棚蔬菜瓜果管理

(1)播种育苗瓜菜管理。本月播种育苗的大(中)棚春夏瓜类蔬菜作物,因种子发芽和幼苗生长要求较高的温度条件,为培育壮苗,需重点做好以下几点:一是采用电热温床育苗,并配以温控仪自动调控苗床内温度,保证秧苗粗壮。二是采用营养土块、塑料营养钵或塑料穴盘育苗,以提高出壮苗率。推荐使用慈溪中慈生态肥料有限公司最新开发的专利产品——压缩型基质育苗营养钵。该产品以草本泥炭、木质素为主要原料,添加适量营养元素、保水剂、固化成型剂和微生物等,具使用简便、无缓苗期、成活率高、秧苗质量好、工作效率高等优点。三是播种前种子进行晒种、消毒和浸种催芽,提高播种、出苗质量。四是抓好苗期管理,重点是及时揭盖棚膜和小拱棚覆盖物,防止秧苗徒长和发生冻害,同时要避免苗床浇水过多,发现猝倒病要及时用药防治,西瓜、甜瓜等提倡进行嫁接育苗,可有效防治枯萎病的危害。

同时建议种植大户委托工厂化育苗单位育苗或及早订购秧苗,以保证秧苗质量。

(2)定植瓜菜管理。本月开始定植的大(中)棚春夏番茄、茄子、辣椒等作物,需着重注意以下几点:一是定植前10~15天搭好大(中)棚、扣好棚膜,大(中)棚以南北走向为好,有利于增加光照、提高棚温。二是精细整地,深沟高畦栽培,棚外注意四周挖好排水沟,降低地下水位。畦面及沟内地膜覆盖,灌溉和施肥尽可能采用膜下滴灌技术,能有效降低棚内湿度,减轻病害发生。三是重视基肥施用,若土壤过酸,可撒施生石灰调节土壤 pH 值到中性。四是定植后及时浇定根水,然后覆盖地膜、搭小拱棚,闷棚一周左右,促进早缓苗。五是缓苗后要根据天气变化和植株生长情况,做好棚内温湿度调控。白天适当通风降湿,排出有害气体,晚间温度过低时需在小拱棚上加盖草帘、遮阳网、无纺布等覆盖物保温。

(3)大(中)棚冬春瓜菜管理。冬春瓜菜如番茄、茄子、草莓等,本月进入开花结果期。在培育管理上需注意:一是采用多层覆盖保温,满足开花结果期所需较高的温度条件。二是重视大棚通风换气,排出氨气、二氧化硫等有害气体,增加棚内二氧化碳浓度,降低棚内湿度。通风应选择晴天中午进行,在大棚避风向阳处开通风口,视作物种类和棚内温湿度情况,掌握合适的通风时间和通风量。三是应用防落素等植物生长调节剂保花保果,提高坐果率,减少畸形果的产生。四是根据植株生长情况,在果实膨大期或采收后及时追施肥水。肥料施用上应以有机肥为主,化肥为辅,避免使用碳酸氢铵;追施肥水应在晴天中午进行,推广膜下滴灌技术。五是农业防治和药剂防治相结合进行病虫害防治,为减轻农药残留,降低棚内湿度,应尽量少用乳(水)剂喷雾,多用烟熏剂或粉尘剂防病。

(4)大(中)棚秋栽瓜菜管理。大棚秋季西瓜、番茄、茄子、辣(甜)椒等到 11 月底已基本结束,但部分生长较好的田块,只要做好保温防冻工作也可延迟采收到 12 月底至翌年 1 月上旬。番茄等在采收后期可采用在基部换头再生的方法进行再生栽培,以延长生长期,提高产量和效益。

三、采收

本月可采收的有草莓、甘蓝、青菜、萝卜、大白菜、大蒜、小葱、菠菜、番茄、花椰菜、青花菜、田藕等多种蔬菜作物,可根据当地市场行情及蔬菜生长情况灵活掌握具体的收获时间,尽可能提高经济效益。

附　　录

一、气象灾害的防范

附件1　国家《气象灾害防御条例》
中华人民共和国国务院令第 570 号

《气象灾害防御条例》已经 2010 年 1 月 20 日国务院第 98 次常务会议通过,现予公布,自 2010 年 4 月 1 日起施行。

总理　温家宝

二〇一〇年一月二十七日

气象灾害防御条例

第一章　总则

第一条　为了加强气象灾害的防御,避免、减轻气象灾害造成的损失,保障人民生命财产安全,根据《中华人民共和国气象法》,制定本条例。

第二条　在中华人民共和国领域和中华人民共和国管辖的其

他海域内从事气象灾害防御活动的,应当遵守本条例。

本条例所称气象灾害,是指台风、暴雨(雪)、寒潮、大风(沙尘暴)、低温、高温、干旱、雷电、冰雹、霜冻和大雾等所造成的灾害。

水旱灾害、地质灾害、海洋灾害、森林草原火灾等因气象因素引发的衍生、次生灾害的防御工作,适用有关法律、行政法规的规定。

第三条 气象灾害防御工作实行以人为本、科学防御、部门联动、社会参与的原则。

第四条 县级以上人民政府应当加强对气象灾害防御工作的组织、领导和协调,将气象灾害的防御纳入本级国民经济和社会发展规划,所需经费纳入本级财政预算。

第五条 国务院气象主管机构和国务院有关部门应当按照职责分工,共同做好全国气象灾害防御工作。

地方各级气象主管机构和县级以上地方人民政府有关部门应当按照职责分工,共同做好本行政区域的气象灾害防御工作。

第六条 气象灾害防御工作涉及两个以上行政区域的,有关地方人民政府、有关部门应当建立联防制度,加强信息沟通和监督检查。

第七条 地方各级人民政府、有关部门应当采取多种形式,向社会宣传普及气象灾害防御知识,提高公众的防灾减灾意识和能力。

学校应当把气象灾害防御知识纳入有关课程和课外教育内容,培养和提高学生的气象灾害防范意识和自救互救能力。教育、气象等部门应当对学校开展的气象灾害防御教育进行指导和监督。

第八条 国家鼓励开展气象灾害防御的科学技术研究,支持气象灾害防御先进技术的推广和应用,加强国际合作与交流,提高气象灾害防御的科技水平。

第九条 公民、法人和其他组织有义务参与气象灾害防御工作,在气象灾害发生后开展自救互救。

对在气象灾害防御工作中做出突出贡献的组织和个人,按照国家有关规定给予表彰和奖励。

第二章　预防

第十条　县级以上地方人民政府应当组织气象等有关部门对本行政区域内发生的气象灾害的种类、次数、强度和造成的损失等情况开展气象灾害普查,建立气象灾害数据库,按照气象灾害的种类进行气象灾害风险评估,并根据气象灾害分布情况和气象灾害风险评估结果,划定气象灾害风险区域。

第十一条　国务院气象主管机构应当会同国务院有关部门,根据气象灾害风险评估结果和气象灾害风险区域,编制国家气象灾害防御规划,报国务院批准后组织实施。

县级以上地方人民政府应当组织有关部门,根据上一级人民政府的气象灾害防御规划,结合本地气象灾害特点,编制本行政区域的气象灾害防御规划。

第十二条　气象灾害防御规划应当包括气象灾害发生发展规律和现状、防御原则和目标、易发区和易发时段、防御设施建设和管理以及防御措施等内容。

第十三条　国务院有关部门和县级以上地方人民政府应当按照气象灾害防御规划,加强气象灾害防御设施建设,做好气象灾害防御工作。

第十四条　国务院有关部门制定电力、通信等基础设施的工程建设标准,应当考虑气象灾害的影响。

第十五条　国务院气象主管机构应当会同国务院有关部门,根据气象灾害防御需要,编制国家气象灾害应急预案,报国务院批准。

县级以上地方人民政府、有关部门应当根据气象灾害防御规划,结合本地气象灾害的特点和可能造成的危害,组织制定本行政区域的气象灾害应急预案,报上一级人民政府、有关部门备案。

第十六条 气象灾害应急预案应当包括应急预案启动标准、应急组织指挥体系与职责、预防与预警机制、应急处置措施和保障措施等内容。

第十七条 地方各级人民政府应当根据本地气象灾害特点,组织开展气象灾害应急演练,提高应急救援能力。居民委员会、村民委员会、企业事业单位应当协助本地人民政府做好气象灾害防御知识的宣传和气象灾害应急演练工作。

第十八条 大风(沙尘暴)、龙卷风多发区域的地方各级人民政府、有关部门应当加强防护林和紧急避难场所等建设,并定期组织开展建(构)筑物防风避险的监督检查。

台风多发区域的地方各级人民政府、有关部门应当加强海塘、堤防、避风港、防护林、避风锚地、紧急避难场所等建设,并根据台风情况做好人员转移等准备工作。

第十九条 地方各级人民政府、有关部门和单位应当根据本地降雨情况,定期组织开展各种排水设施检查,及时疏通河道和排水管网,加固病险水库,加强对地质灾害易发区和堤防等重要险段的巡查。

第二十条 地方各级人民政府、有关部门和单位应当根据本地降雪、冰冻发生情况,加强电力、通信线路的巡查,做好交通疏导、积雪(冰)清除、线路维护等准备工作。

有关单位和个人应当根据本地降雪情况,做好危旧房屋加固、粮草储备、牲畜转移等准备工作。

第二十一条 地方各级人民政府、有关部门和单位应当在高温来临前做好供电、供水和防暑医药供应的准备工作,并合理调整工作时间。

第二十二条 大雾、霾多发区域的地方各级人民政府、有关部门和单位应当加强对机场、港口、高速公路、航道、渔场等重要场所和交通要道的大雾、霾的监测设施建设,做好交通疏导、调度和防护等准备工作。

第二十三条　各类建(构)筑物、场所和设施安装雷电防护装置应当符合国家有关防雷标准的规定。

对新建、改建、扩建建(构)筑物设计文件进行审查,应当就雷电防护装置的设计征求气象主管机构的意见;对新建、改建、扩建建(构)筑物进行竣工验收,应当同时验收雷电防护装置并有气象主管机构参加。雷电易发区内的矿区、旅游景点或者投入使用的建(构)筑物、设施需要单独安装雷电防护装置的,雷电防护装置的设计审核和竣工验收由县级以上地方气象主管机构负责。

第二十四条　专门从事雷电防护装置设计、施工、检测的单位应当具备下列条件,取得国务院气象主管机构或者省、自治区、直辖市气象主管机构颁发的资质证:

(一)有法人资格;

(二)有固定的办公场所和必要的设备、设施;

(三)有相应的专业技术人员;

(四)有完备的技术和质量管理制度;

(五)国务院气象主管机构规定的其他条件。

从事电力、通信雷电防护装置检测的单位的资质证由国务院气象主管机构和国务院电力或者国务院通信主管部门共同颁发。依法取得建设工程设计、施工资质的单位,可以在核准的资质范围内从事建设工程雷电防护装置的设计、施工。

第二十五条　地方各级人民政府、有关部门应当根据本地气象灾害发生情况,加强农村地区气象灾害预防、监测、信息传播等基础设施建设,采取综合措施,做好农村气象灾害防御工作。

第二十六条　各级气象主管机构应当在本级人民政府的领导和协调下,根据实际情况组织开展人工影响天气工作,减轻气象灾害的影响。

第二十七条　县级以上人民政府有关部门在国家重大建设工

程、重大区域性经济开发项目和大型太阳能、风能等气候资源开发利用项目以及城乡规划编制中,应当统筹考虑气候可行性和气象灾害的风险性,避免、减轻气象灾害的影响。

第三章　监测、预报和预警

第二十八条　县级以上地方人民政府应当根据气象灾害防御的需要,建设应急移动气象灾害监测设施,健全应急监测队伍,完善气象灾害监测体系。

县级以上人民政府应当整合完善气象灾害监测信息网络,实现信息资源共享。

第二十九条　各级气象主管机构及其所属的气象台站应当完善灾害性天气的预报系统,提高灾害性天气预报、警报的准确率和时效性。

各级气象主管机构所属的气象台站、其他有关部门所属的气象台站和与灾害性天气监测、预报有关的单位应当根据气象灾害防御的需要,按照职责开展灾害性天气的监测工作,并及时向气象主管机构和有关灾害防御、救助部门提供雨情、水情、风情、旱情等监测信息。

各级气象主管机构应当根据气象灾害防御的需要组织开展跨地区、跨部门的气象灾害联合监测,并将人口密集区、农业主产区、地质灾害易发区域、重要江河流域、森林、草原、渔场作为气象灾害监测的重点区域。

第三十条　各级气象主管机构所属的气象台站应当按照职责向社会统一发布灾害性天气警报和气象灾害预警信号,并及时向有关灾害防御、救助部门通报;其他组织和个人不得向社会发布灾害性天气警报和气象灾害预警信号。

气象灾害预警信号的种类和级别,由国务院气象主管机构规定。

第三十一条　广播、电视、报纸、电信等媒体应当及时向社会播发或者刊登当地气象主管机构所属的气象台站提供的适时灾害性天气警报、气象灾害预警信号，并根据当地气象台站的要求及时增播、插播或者刊登。

第三十二条　县级以上地方人民政府应当建立和完善气象灾害预警信息发布系统，并根据气象灾害防御的需要，在交通枢纽、公共活动场所等人口密集区域和气象灾害易发区域建立灾害性天气警报、气象灾害预警信号接收和播发设施，并保证设施的正常运转。

乡（镇）人民政府、街道办事处应当确定人员，协助气象主管机构、民政部门开展气象灾害防御知识宣传、应急联络、信息传递、灾害报告和灾情调查等工作。

第三十三条　各级气象主管机构应当做好太阳风暴、地球空间暴等空间天气灾害的监测、预报和预警工作。

第四章　应急处置

第三十四条　各级气象主管机构所属的气象台站应当及时向本级人民政府和有关部门报告灾害性天气预报、警报情况和气象灾害预警信息。

县级以上地方人民政府、有关部门应当根据灾害性天气警报、气象灾害预警信号和气象灾害应急预案启动标准，及时作出启动相应应急预案的决定，向社会公布，并报告上一级人民政府；必要时，可以越级上报，并向当地驻军和可能受到危害的毗邻地区的人民政府通报。

发生跨省、自治区、直辖市大范围的气象灾害，并造成较大危害时，由国务院决定启动国家气象灾害应急预案。

第三十五条　县级以上地方人民政府应当根据灾害性天气影响范围、强度，将可能造成人员伤亡或者重大财产损失的区域临时确定为气象灾害危险区,并及时予以公告。

第三十六条　县级以上地方人民政府、有关部门应当根据气象灾害发生情况,依照《中华人民共和国突发事件应对法》的规定及时采取应急处置措施;情况紧急时,及时动员、组织受到灾害威胁的人员转移、疏散,开展自救互救。

对当地人民政府、有关部门采取的气象灾害应急处置措施,任何单位和个人应当配合实施,不得妨碍气象灾害救助活动。

第三十七条　气象灾害应急预案启动后,各级气象主管机构应当组织所属的气象台站加强对气象灾害的监测和评估,启用应急移动气象灾害监测设施,开展现场气象服务,及时向本级人民政府、有关部门报告灾害性天气实况、变化趋势和评估结果,为本级人民政府组织防御气象灾害提供决策依据。

第三十八条　县级以上人民政府有关部门应当按照各自职责,做好相应的应急工作。

民政部门应当设置避难场所和救济物资供应点,开展受灾群众救助工作,并按照规定职责核查灾情、发布灾情信息。

卫生主管部门应当组织医疗救治、卫生防疫等卫生应急工作。

交通运输、铁路等部门应当优先运送救灾物资、设备、药物、食品,及时抢修被毁的道路交通设施。

住房城乡建设部门应当保障供水、供气、供热等市政公用设施的安全运行。

电力、通信主管部门应当组织做好电力、通信应急保障工作。

国土资源部门应当组织开展地质灾害监测、预防工作。

农业主管部门应当组织开展农业抗灾救灾和农业生产技术指导工作。

水利主管部门应当统筹协调主要河流、水库的水量调度,组织开展防汛抗旱工作。

公安部门应当负责灾区的社会治安和道路交通秩序维护工作,协助组织灾区群众进行紧急转移。

第三十九条　气象、水利、国土资源、农业、林业、海洋等部门应当根据气象灾害发生的情况,加强对气象因素引发的衍生、次生灾害的联合监测,并根据相应的应急预案,做好各项应急处置工作。

第四十条　广播、电视、报纸、电信等媒体应当及时、准确地向社会传播气象灾害的发生、发展和应急处置情况。

第四十一条　县级以上人民政府及其有关部门应当根据气象主管机构提供的灾害性天气发生、发展趋势信息以及灾情发展情况,按照有关规定适时调整气象灾害级别或者作出解除气象灾害应急措施的决定。

第四十二条　气象灾害应急处置工作结束后,地方各级人民政府应当组织有关部门对气象灾害造成的损失进行调查,制订恢复重建计划,并向上一级人民政府报告。

第五章　法律责任

第四十三条　违反本条例规定,地方各级人民政府、各级气象主管机构和其他有关部门及其工作人员,有下列行为之一的,由其上级机关或者监察机关责令改正;情节严重的,对直接负责的主管人员和其他直接责任人员依法给予处分;构成犯罪的,依法追究刑事责任:

(一)未按照规定编制气象灾害防御规划或者气象灾害应急预案的;

(二)未按照规定采取气象灾害预防措施的;

(三)向不符合条件的单位颁发雷电防护装置设计、施工、检测资质证的;

(四)隐瞒、谎报或者由于玩忽职守导致重大漏报、错报灾害性天气警报、气象灾害预警信号的;

(五)未及时采取气象灾害应急措施的;

（六）不依法履行职责的其他行为。

第四十四条　违反本条例规定，有下列行为之一的，由县级以上地方人民政府或者有关部门责令改正；构成违反治安管理行为的，由公安机关依法给予处罚；构成犯罪的，依法追究刑事责任：

（一）未按照规定采取气象灾害预防措施的；

（二）不服从所在地人民政府及其有关部门发布的气象灾害应急处置决定、命令，或者不配合实施其依法采取的气象灾害应急措施的。

第四十五条　违反本条例规定，有下列行为之一的，由县级以上气象主管机构或者其他有关部门按照权限责令停止违法行为，处 5 万元以上 10 万元以下的罚款；有违法所得的，没收违法所得；给他人造成损失的，依法承担赔偿责任：

（一）无资质或者超越资质许可范围从事雷电防护装置设计、施工、检测的；

（二）在雷电防护装置设计、施工、检测中弄虚作假的。

第四十六条　违反本条例规定，有下列行为之一的，由县级以上气象主管机构责令改正，给予警告，可以处 5 万元以下的罚款；构成违反治安管理行为的，由公安机关依法给予处罚：

（一）擅自向社会发布灾害性天气警报、气象灾害预警信号的；

（二）广播、电视、报纸、电信等媒体未按照要求播发、刊登灾害性天气警报和气象灾害预警信号的；

（三）传播虚假的或者通过非法渠道获取的灾害性天气信息和气象灾害灾情的。

第六章　附则

第四十七条　中国人民解放军的气象灾害防御活动，按照中央军事委员会的规定执行。

第四十八条　本条例自 2010 年 4 月 1 日起施行。

附件2　浙江省气象灾害防御条例

（2017 年 3 月 30 日浙江省第十二届人民
代表大会常务委员会第三十九次会议通过）

目　　录

第一章　总则

第一条　为了加强气象灾害防御,避免、减轻气象灾害造成的
损失,保障经济社会发展和人民生命财产安全,根据《中华人民共
和国气象法》《气象灾害防御条例》和其他有关法律、行政法规,结
合本省实际,制定本条例。

第二条　本条例适用于本省行政区域和本省管辖的其他海域
内的气象灾害防御活动。

本条例所称气象灾害,是指台风、大风(龙卷风)、暴雨、暴雪、
寒潮、低温、霜冻、道路结冰、冰雹、高温、干旱、雷电、大雾和霾等所
造成的灾害。

水旱灾害、地质灾害、海洋灾害、森林火灾等因气象因素引发

的衍生、次生灾害的防御工作,适用有关法律、法规的规定。

第三条　县级以上人民政府应当加强对气象灾害防御工作的领导,建立健全气象灾害防御工作的协调机制,将气象灾害的防御纳入本级国民经济和社会发展规划,所需经费列入本级财政预算。

县级以上气象主管机构负责灾害性天气的监测、预报、预警,气候可行性论证,气象灾害风险评估,人工影响天气等气象灾害防御的管理、服务和监督工作。

县级以上人民政府发展和改革、公安、建设、国土资源、交通运输、水利、农业、林业、海洋与渔业、环境保护、旅游、质量技术监督、教育、人力资源和社会保障、安全生产监督管理等部门和供电、通信等单位,应当按照职责分工,共同做好气象灾害防御工作。

第四条　乡(镇)人民政府、街道办事处应当按照本条例规定,做好气象灾害防御工作。

村(居)民委员会应当协助人民政府、有关部门做好气象灾害防御知识宣传、气象灾害应急演练、气象灾害预警信息传递等工作。

乡(镇)人民政府、街道办事处确定的气象工作协理员和村(居)民委员会确定的气象工作信息员,协助开展气象灾害防御知识宣传、防灾避险明白卡发放、气象监测与传播设施维护、气象灾害预警信息传递、应急联络、灾情收集和报告等工作。

第五条　公民应当学习气象灾害防御知识,关注气象灾害风险,增强气象灾害防御意识和自救互救能力。

广播、电视、报纸、网络等媒体应当开展气象灾害防御知识的公益宣传。

鼓励社会组织和志愿者队伍等社会力量参与气象灾害防御知识宣传、气象灾害应急演练、气象灾害救援等气象灾害防御活动。

第六条　鼓励开展气象灾害防御的科学技术研究,培养气象人才,支持气象灾害防御先进技术的推广和应用,提高气象灾害防御的科学技术水平。

省气象主管机构会同省质量技术监督部门建立健全气象灾

防御技术标准体系,指导和规范气象灾害防御工作。

第二章　预防措施

第七条　各级人民政府、有关部门应当根据气象灾害防御规划,结合当地气象灾害的特点和可能造成的危害,分灾害种类制定本地区和有关行业、领域的气象灾害应急预案,明确交通、通信、供水、排水、供电、供气等基础设施的运行保障和应急处置措施等内容,并定期组织开展气象灾害应急演练。

县级以上人民政府及其有关部门应当加强气象防灾减灾标准化乡(镇)、村的建设。

县级以上人民政府应当组织气象主管机构、有关部门对气象工作协理员和气象工作信息员定期进行培训。

第八条　交通、通信、广播、电视、网络、供水、排水、供电、供气、供油、危险化学品生产和储存等重要设施和机场、港口、车站、景区、学校、医院、大型商场等公共场所及其他人员密集场所的经营、管理单位(以下统称气象灾害防御重点单位),应当根据本单位特点制定气象灾害应急预案,建立防御重点部位和关键环节检查制度,及时消除气象灾害风险隐患。

县级以上人民政府应当组织气象主管机构、有关部门确定气象灾害防御重点单位,并向社会公布。

气象灾害防御重点单位的应急预案和检查情况,应当报当地气象主管机构和行业主管部门备案。气象主管机构、有关部门应当对气象灾害防御重点单位的防御准备工作进行指导和监督检查。

第九条　县级以上气象主管机构应当会同有关部门,根据当地气象灾害情况组织编制气象灾害防御指引,并在相应的气象灾害风险区域发放、发布,指导公众有效应对各类气象灾害。

气象灾害防御指引应当包括当地主要气象灾害的种类、特点、应对以及防御措施等内容。

第十条 编制城乡规划、土地利用总体规划以及基础设施建设等规划,应当结合当地气象灾害的特点和危害,统筹考虑河湖水系、道路系统、城乡绿化建设和其他公共空间实际情况,科学规划防洪排涝体系和通风廊道系统,避免和减轻气象灾害造成的危害。

编制机关在组织编制前款规定的规划时,应当就气候可行性、气象灾害参数、空间布局等内容,书面征求气象主管机构意见。

第十一条 寒潮、暴雪、低温等多发地区,农业、林业、海洋与渔业等部门应当引导农业、林业、渔业生产者调整种植、养殖结构,加强设施农业保温措施;公安、交通运输、建设等部门和供电、通信等单位应当加强道路、自来水管道、供电、通信线路的巡查,采取防冻措施,储备必要的清雪除冰装备和材料,做好交通疏导、积雪(冰)清除、线路维护等准备工作。

第十二条 国家重点建设工程、重大区域性经济开发项目和大型太阳能、风能等气候资源开发利用项目,应当按照国家强制性评估的要求进行气候可行性论证。

需要进行气候可行性论证的项目范围和具体办法,由省发展和改革部门会同省气象主管机构确定。

第十三条 县级以上气象主管机构根据防灾减灾需要制定人工影响天气作业方案,经本级人民政府批准后,组织实施人工影响天气作业。

第十四条 县级以上人民政府应当组织气象主管机构、有关部门建立气象灾害数据库,定期进行数据更新。

县级以上气象主管机构应当按照气象灾害的种类进行气象灾害风险评估,研究确定气象灾害风险临界值。

制定道路和轨道交通、通信、供水、排水、供电等基础设施建设标准和技术规范使用的气象灾害风险数据,应当采用气象灾害数据库的数据和气象灾害风险临界值。

第十五条 建立财政支持的气象灾害风险保险制度。鼓励公民、法人和其他组织通过保险等方式减少气象灾害造成的损失,鼓励保险机构提供天气指数保险、巨灾保险等产品和服务,提高全社会抵御气象灾害风险能力。

气象主管机构应当为保险机构发展天气指数保险、巨灾保险等提供必要的技术支持。

第三章　监测、预报和预警

第十六条　县级以上人民政府根据防灾减灾需要,完善气象灾害监测站网,在气象灾害敏感区、易发多发区以及监测站点稀疏区增设相应的气象监测设施。

国土资源、交通运输、水利、农业、林业、海洋与渔业、环境保护等部门和供电、通信等单位设置气象监测设施的,应当符合国家标准或者行业标准,并与气象监测站点规划布局相协调。

第十七条　县级以上人民政府应当组织气象主管机构、有关部门建立气象灾害监测信息平台。气象主管机构负责气象灾害监测信息平台的日常维护和气象灾害监测信息汇总与共享的组织管理。

县级以上气象主管机构所属的气象台站以及与灾害性天气监测、预报有关的单位,应当实时向气象灾害监测信息平台提供气象监测信息。

县级以上气象主管机构应当会同国土资源、水利等部门对地质灾害、小流域山洪易发区等监测重点区域开展气象灾害联合监测。

第十八条　县级以上气象主管机构及其所属的气象台站应当完善灾害性天气的监测、预报系统,提高灾害性天气预报、警报的准确率和时效性。

县级以上气象主管机构所属的气象台站应当加强对雷电、大风(龙卷风)、冰雹等强对流天气的风险研判,并将重要研判信息实时通报国土资源、交通运输、水利、农业、林业、海洋与渔业、建设、安全生产监督管理等部门。

第十九条　县级以上气象主管机构所属的气象台站应当按照职责向社会统一发布灾害性天气警报和气象灾害预警信号，并及时向有关灾害防御、救助部门和单位通报；其他组织和个人不得向社会发布灾害性天气警报和气象灾害预警信号，不得向社会发布混淆气象灾害预警信号的近似信号。

气象灾害预警信号实行属地发布制度。气象灾害预警信号的发布、变更和解除，由县级气象主管机构所属的气象台站负责；未设立气象台站的，由设区的市气象主管机构所属的气象台站负责。

第二十条　县级以上人民政府应当组织气象主管机构、有关部门建设气象灾害预警信息传播设施或者利用现有的传播设施，完善气象灾害预警信息传播途径。

县级以上气象主管机构、有关部门应当与广播、电视、报纸、网络等媒体和通信、户外媒体、车载信息终端等运营企业开展合作，拓宽气象灾害预警信息快速传输通道；在边远农村、山区、渔区因地制宜建设和利用广播、预警大喇叭等接收终端，及时向受影响的单位和个人传递灾害性天气警报和气象灾害预警信号。

广播、电视、网络等媒体和通信、户外媒体、车载信息终端等运营企业应当加强对其设置或者管理的广播、预警大喇叭等接收终端的维护和保养，保证正常运行。

第二十一条　县级以上气象主管机构应当在气象信息接收和显示装置、预警大喇叭等气象灾害预警信息传播设施的显著位置设置保护标志，标明保护要求。

禁止侵占、损毁、擅自移动气象信息接收和显示装置、预警大喇叭等气象灾害预警信息传播设施。

第二十二条　广播、电视、报纸、网络等媒体和通信运营企业应当与当地气象主管机构所属的气象台站建立气象灾害预警信息获取机制，准确、及时、无偿向社会播发或者刊登适时灾害性天气警报和气象灾害预警信号。

对台风、暴雨、暴雪、道路结冰等橙色、红色预警信号和雷电、大风、冰雹等强对流天气的预警信号,广播、电视、网络等媒体和通信运营企业应当采用滚动字幕、加开视频窗口以及插播、短信提示、信息推送等方式实时播发。

第二十三条　机场、港口、车站、景区、学校、医院、大型商场、文化体育场(馆)、宾馆、饭店等公共场所以及其他人员密集场所的经营、管理单位,应当通过电子显示装置、广播等途径及时向公众传播气象灾害预警信号和应急防御指南。

第二十四条　播发或者刊登气象灾害预警信息,应当标明提供气象灾害预警信息的气象台站名称及时间,不得擅自删改气象灾害预警信息内容。

不得传播虚假和其他误导公众的气象灾害预警信息。

第四章　应急处置

第二十五条　县级以上气象主管机构所属的气象台站应当及时向本级人民政府及其有关部门报告灾害性天气预报和气象灾害预警信息。

各级人民政府、有关部门应当根据灾害性天气警报、气象灾害预警信号和气象灾害应急预案启动标准,及时作出启动相应级别应急响应的决定。

第二十六条　气象灾害应急响应启动后,县级以上人民政府及其有关部门应当根据气象灾害发生情况,依照《中华人民共和国突发事件应对法》和有关法律、法规的规定,及时采取相应的应急处置措施。

乡(镇)人民政府、街道办事处和村(居)民委员会,应当开展气象灾害预警信息接收和传递、组织自救互救等应急处置工作,并及时向上级人民政府报告相关情况。

需要由人民政府组织转移避险的,有关人民政府应当发布转移指令,告知转移人员具体的转移地点和转移方式,并妥善安排被转移人员的基本生活。情况紧急时,组织转移的人民政府、有关部门可以对经劝导仍拒绝转移的人员依法实施强制转移。

第二十七条 公民、法人和其他组织应当主动了解气象灾害情况;在橙色、红色气象灾害预警信号生效期间,合理安排出行计划,储备必要的饮用水、食品及照明用具等生活用品,采取相应的自救互救措施,应当配合人民政府、有关部门采取的应急处置措施。

气象灾害防御重点单位应当根据气象灾害情况和气象灾害应急预案,组织实施本单位的应急处置工作,加强对防御重点部位和关键环节的巡查,保障运营安全。

大型群众性活动的承办者应当关注气象灾害预警信息。气象灾害预警信号发布后,大型群众性活动的承办者、场所管理者应当立即按照活动安全工作方案,采取相应的应急处置措施。

第二十八条 台风、大风预警信号生效期间,建筑物、构筑物、户外广告牌、玻璃幕墙的所有人、管理人或者使用人,应当采取措施避免搁置物、悬挂物脱落、坠落;建筑工地的施工单位应当加强防风安全管理,设置必要的警示标识,加固脚手架、围挡等临时设施;船舶的所有人、经营人或者管理人应当遵守有关台风、大风期间船舶避风的规定。

暴雨预警信号生效期间,排水设施运营单位应当做好排水管网和防涝设施的运行检查与维护,保持排水通畅;在立交桥、低洼路段等易涝点设置警示标识,并根据实际情况增加排水设施。

暴雨、暴雪、道路结冰、大雾等引起局部地区出现交通安全隐患的,当地人民政府、有关部门应当采取限制通行等管制措施,并为乘客的基本生活提供保障。

第二十九条 台风、暴雨、暴雪、道路结冰、霾红色预警信号生效期间,托儿所、幼儿园、中小学校应当停课。未启程上学的学生不必到学校上课;上学途中的学生可以就近到安全场所暂避;在校学生应当服从学校安排,学校应当保障在校学生的安全。

台风、暴雨、暴雪、道路结冰、霾红色预警信号生效期间,除国家机关和直接保障城市运行的企事业单位外,其他用人单位应当根据生产经营特点和防灾减灾需要,采取临时停产、停工、停业或者调整工作时间等措施;用人单位应当为在岗及因天气原因滞留单位的工作人员提供必要的避险措施。

停课安排和停产、停工、停业的具体办法由县级以上人民政府制定。

第三十条　气象灾害不再扩大或者趋于减轻时,县级以上气象主管机构所属的气象台站应当及时变更或者解除气象灾害预警。

各级人民政府、有关部门应当根据气象主管机构提供的灾害性天气变化信息,及时调整气象灾害应急响应级别或者作出解除气象灾害应急响应的决定。

第五章　法律责任

第三十一条　违反本条例规定的行为,法律、行政法规已有法律责任规定的,从其规定。

第三十二条　违反本条例规定,向社会发布混淆气象灾害预警信号的近似信号,或者传播虚假和其他误导公众的气象灾害预警信息的,由县级以上气象主管机构责令改正,给予警告,可以并处三千元以上三万元以下罚款。

第三十三条　违反本条例规定,侵占、损毁、擅自移动气象信息接收和显示装置、预警大喇叭等气象灾害预警信息传播设施的,由县级以上气象主管机构责令停止违法行为,限期恢复原状或者采取其他补救措施,可以处一千元以上一万元以下罚款;造成损害的,依法承担赔偿责任。

第三十四条 广播、电视、报纸、网络等媒体和通信运营企业违反本条例规定,未按照要求播发或者刊登灾害性天气警报和气象灾害预警信号的,由县级以上气象主管机构责令改正,给予警告,可以并处一万元以上五万元以下罚款;对直接负责的主管人员和其他直接责任人员,由有权机关依法给予处分。

第六章 附则

第三十五条 本条例自 2017 年 7 月 1 日起施行。浙江省人民政府发布的《浙江省气象灾害防御办法》同时废止。

附件 3 宁波市气象灾害防御条例

浙江省人民代表大会常务委员会关于批准
《宁波市气象灾害防御条例》的决定
(2009 年 11 月 27 日浙江省第十一届人民代表
大会常务委员会第十四次会议通过)

根据《中华人民共和国立法法》第六十三条第二款规定,浙江省第十一届人民代表大会常务委员会第十四次会议对宁波市第十三届人民代表大会常务委员会第十八次会议通过的《宁波市气象灾害防御条例》进行了审议,现决定予以批准,由宁波市人民代表大会常务委员会公布施行。

宁波市气象灾害防御条例

(2009 年 8 月 28 日宁波市第十三届人民代表大会常务委员会第十八次会议通过 2009 年 11 月 27 日浙江省第十一届人民代

表大会常务委员会第十四次会议批准)

第一章　总　则

第一条　为了防御气象灾害,保障人民生命和财产安全,促进经济社会可持续发展,根据《中华人民共和国气象法》《浙江省气象条例》等有关法律、法规的规定,结合本市实际,制定本条例。

第二条　本条例适用于本市行政区域内气象灾害的预防、监测、预警和应急处置等防御活动。

本条例所称气象灾害,是指台风、暴雨(雪)、寒潮、大风(含龙卷风)、大雾、雷电、冰雹、霜冻、高温、干旱、低温(冰冻)、霾等造成的灾害。

因气象因素作用引发的海洋灾害、洪涝灾害、地质灾害、森林火灾等气象次生、衍生灾害的防御,依照本条例的有关规定执行;有关法律、法规对气象次生、衍生灾害的防御已有规定的,从其规定。

第三条　气象灾害防御遵循以人为本、统筹规划、分工合作、预防为主、科学防御的原则。

第四条　市和县(市)、区人民政府应当加强对气象灾害防御工作的组织领导,建立健全气象灾害防御协调机制,加强气象灾害防御设施建设,并将气象灾害防御经费纳入本级财政预算。

第五条　市和县(市)、区气象主管机构在上级气象主管机构和本级人民政府领导下,负责本行政区域内灾害性天气的监测、预警、信息发布以及其他有关气象灾害防御工作;其他有关部门依照各自职责分工,共同做好气象灾害防御工作。

第六条　气象主管机构和其他有关部门、单位应当采取多种形式,向社会宣传、普及气象灾害防御知识,增强社会公众防御气象灾害意识,提高避险、避灾、自救、互救等应急能力。

学校应当开展气象灾害防御和应急自救知识教育,并定期组织演练。教育、气象等部门应当对学校开展的气象灾害防御教育进行指导和监督。

第七条 鼓励和支持气象灾害防御的科学技术研究,推广先进的气象灾害防御技术,提高气象灾害防御的科技水平。

鼓励公民、法人和社会组织依法参加气象灾害防御志愿服务活动。

市和县(市)、区人民政府对在气象灾害防御工作中做出突出贡献的单位和个人,应当给予表彰和奖励。

第二章　防御规划和预防措施

第八条 气象主管机构应当会同有关部门编制气象灾害防御规划,报本级人民政府批准后实施。气象灾害防御规划应当包含以下内容:

(一)气象灾害防御的指导思想、原则、目标和任务;

(二)气象灾害现状、发展趋势预测和调查评估;

(三)气象灾害易发区域和易发时段、重点防御区域及设防标准;

(四)气象灾害防御工作机制和部门职责;

(五)气象灾害防御设施建设项目;

(六)气象灾害防御的保障措施。

第九条 市和县(市)、区人民政府应当组织气象主管机构和有关部门开展气象灾害普查,建立气象灾害信息数据库,并为公众查询提供便利。

第十条 市和县(市)区人民政府应当组织气象主管机构和其他有关部门制定气象灾害防御应急预案,建立由政府组织协调、部门分工负责的气象灾害应急处置机制。

有关部门应当根据气象灾害防御规划和气象灾害防御应急预案,制定或者完善本部门相应的气象灾害防御应急处置预案,报本级人民政府备案。

　　水库、重要堤防、海塘及其他易受气象灾害影响的重点工程项目的管理单位应当编制气象灾害应急处置预案,报主管部门或者有管辖权的其他机关批准。

　　第十一条　气象主管机构应当依法组织对城乡规划、重点领域或者区域发展建设规划进行气候可行性论证。

　　重大基础设施建设工程和大型太阳能、风能等气候资源开发利用项目的可行性研究报告或者项目申请报告应当包含气候可行性论证的具体内容。

　　第十二条　市和县(市)、区人民政府应当加强气象灾害监测预警系统、预警信息传播系统和应急气象服务系统等气象灾害防御设施的建设。

　　易受台风等气象灾害影响的岛屿、港口、码头、江河湖泊、交通干线、农业园区、生态林区、风景名胜区等区域、场所,应当设立气象灾害监测、预警信息播发等设施,并确保有关设施的正常运行。

　　第十三条　市和县(市)、区人民政府应当加强易受台风灾害影响区域的海塘、堤防、避风港、避风锚地、防护林等防御设施建设。

　　易受台风灾害影响区域建(构)筑物的建设应当遵守国家规定的选址标准和抗风标准。

　　第十四条　任何单位和个人不得侵占、损毁气象灾害防御设施。

　　禁止在气象探测环境保护范围内从事危害气象探测环境的行为。规划部门依法审批在气象探测环境保护范围内新建、扩建、改建的建设工程时,应当依法事先征得气象主管机构的同意。

　　第十五条　未经依法批准,任何组织或者个人不得迁移气象台站或者设施。确因实施城乡规划或者重点工程建设需要迁移气象台站或者设施的,应当依法报经有审批权的气象主管机构批准。经批准迁移的,迁建费用由建设单位承担。

第三章 监测、预警和信息发布

第十六条 市和县(市)、区人民政府应当组织气象、海洋、水利、国土资源、农业、林业、交通、环保、电力等部门建立气象灾害监测网络和气象灾害信息共享机制。气象灾害监测网络成员单位应当依照各自职责,及时提供雨情、风情、旱情、水文、地质险情、森林火险等与气象灾害有关的监测信息。

气象主管机构负责气象灾害监测网络的日常维护管理。

第十七条 气象主管机构应当会同或者配合海洋、水利、国土资源、农业、林业、交通、环保、电力等相关部门,分别建立海洋灾害、洪涝灾害、地质灾害、森林火灾等专业预警系统,预防发生气象次生、衍生灾害。

第十八条 气象主管机构应当加强灾害性天气的监测、预警的管理工作,完善灾害性天气的预警信息发布系统,提高灾害性天气预警信息的准确率、时效性。

气象主管机构所属气象台站应当根据气象灾害监测信息,及时、准确制作和发布灾害性天气警报和预警信号,并根据天气变化情况,及时更新或者解除灾害性天气警报和预警信号。其他组织和个人不得向社会发布灾害性天气警报和预警信号。

灾害性天气预警信号的名称、图标、含义,依照国家有关规定执行。

气象次生、衍生灾害的预警信息,可以由有关监测部门会同气象主管机构所属气象台站联合发布。

第十九条 广播、电视、通信、报纸、网络等媒体应当及时、准确播发当地气象主管机构所属气象台站直接提供的适时气象灾害预警信息。

乡(镇)人民政府、街道办事处收到气象台站发布的气象灾害预警信息后,应当及时向本辖区公众传播。

学校、医院、机场、港口、车站、码头、旅游景区等人员密集的公共场所以及村(居)民委员会应当确定气象灾害应急联系人,及时传递气象台站发布的气象灾害预警信息,开展防灾避灾。

第四章　　应急处置

第二十条　市和县(市)、区人民政府及有关部门和单位应当根据灾害性天气警报和预警信号,适时启动相关应急预案,依照各自职责开展相应的应急处置工作,并及时向社会公布。

气象灾害监测网络成员单位应当加强气象灾害跟踪监测,及时提供跟踪监测信息。

乡(镇)人民政府、街道办事处、村(居)民委员会应当根据气象灾害预警信息的等级,加强灾害险情的隐患排查,并采取相应的避险措施。

第二十一条　市和县(市)、区人民政府根据气象灾害应急处理需要,可以组织有关部门采取下列应急处置措施:

(一)划定气象灾害危险区域,组织受到灾害威胁的人员撤离危险区域并予以妥善安置;

(二)实行交通管制;

(三)决定临时停产、停工、停课;

(四)依法临时征用房屋、运输工具、通信设备和场地等;

(五)对食品、饮用水等基本生活必需品和药品采取必要的特殊管理措施,保障应急救援所需的基本生活必需品和药品的供应;

(六)抢修损坏的交通、通信、供水、供电、供气等基础设施,保证基础设施的安全和正常运行;

(七)法律、法规规定的其他措施。

第二十二条 台风可能登陆的地区和可能严重影响的地区，当地人民政府应当根据台风警报和预警信号，及时启动台风应急预案，组织有关部门和单位做好各项防御工作。

第二十三条 海洋、水利、国土资源、农业、林业、交通、环保、电力等部门应当根据气象灾害发生的情况，加强气象次生、衍生灾害的监测和预警工作，并根据相应的应急预案，在各自职责范围内做好气象次生、衍生灾害的应急处置工作。

第二十四条 气象灾害消除后，市和县(市)、区人民政府应当及时解除有关应急处置措施，并向社会公告。对临时征用的单位和个人财产，应当及时返还；造成财产毁损或者灭失的，依法给予补偿。

市和县(市)区人民政府应当组织有关部门对本行政区域内的气象灾害进行调查评估，制订恢复重建计划和整改措施，并报告上一级人民政府。

第二十五条 鼓励通过保险形式提高气象灾害防御和灾后自救能力。

气象主管机构应当无偿为保险理赔等活动提供气象证明材料或者组织有关专家对气象灾害进行调查鉴定，提供气象灾害调查鉴定报告。

第五章 人工影响天气和雷电灾害防御

第二十六条 市和县(市)、区人民政府应当根据防灾减灾的需要，适时组织开展增雨等人工影响天气作业。

气象主管机构应当根据灾害性天气监测情况，制定人工影响天气作业方案，报本级人民政府批准后组织实施。

公安、飞行管制部门应当支持人工影响天气作业。

第二十七条 实施人工影响天气作业应当遵守国务院气象主管机构规定的作业规范和操作规程，并向社会公告。

第二十八条　重大基础设施、人员密集的公共建筑、爆炸危险环境场所等建设项目应当依照国家和省有关规定开展雷击风险评估,确保公共安全。

第二十九条　下列建(构)筑物、场所或者设施应当安装符合技术规范要求的雷电灾害防护装置(以下简称防雷装置),并与主体工程同时设计、同时施工、同时投入使用:

(一)国家建筑物防雷设计规范规定的一、二、三类防雷建(构)筑物;

(二)电力、通信、广播电视、导航、计算机网络等公共服务场所和设施;

(三)易燃、易爆物品和化学危险物品的生产、储存场所和设施;

(四)重要储备物资的储存场所;

(五)法律、法规规定的应当安装防雷装置的其他建(构)筑物、场所或者设施。

第三十条　依照本条例规定安装的防雷装置的设计方案应当依法经气象主管机构审核;未经审核同意的,不得交付施工。

气象主管机构应当自收到防雷装置设计文件审核申请之日起五个工作日内出具防雷装置设计审核意见书。

规划部门依法对本条例规定的应当安装防雷装置的建设工程实施规划行政许可时,应当要求建设单位提供气象主管机构出具的防雷装置设计审核意见书。

第三十一条　依照本条例规定安装的防雷装置竣工后,建设单位应当依法向当地气象主管机构申请验收。其中新建、改建、扩建的建筑工程,建设单位组织工程竣工验收时,应当同时申请当地气象主管机构对其防雷装置进行验收。未经验收或者验收不合格的,不得投入使用。

第三十二条　依照本条例规定安装的防雷装置,使用单位应当做好日常维护工作,并委托防雷装置检测单位进行定期检测。石油、化工、易燃易爆物资的生产和贮存场所,其防雷装置每半年检测一次,其他重要单位的防雷装置每年检测一次;检测不合格的防雷装置,使用单位应当根据检测单位提出的整改意见及时整改。

第三十三条 从事防雷工程专业设计、施工、防雷装置检测的单位,应当依法取得相应的资质证书,并在资质许可的范围内从事防雷工程专业设计、施工、检测活动。

第三十四条 气象主管机构应当加强对雷电灾害防御工作的检查监督,并会同有关部门对可能遭受雷击的建(构)筑物和其他设施安装防雷装置提供指导。

第六章 法律责任

第三十五条 违反本条例规定的行为,《中华人民共和国气象法》《浙江省气象条例》等法律、法规已有处理规定的,依照其规定处理。

第三十六条 违反本条例规定,有下列行为之一的,由气象主管机构责令停止违法行为、限期恢复原状或者采取其他补救措施,并可以处五千元以下的罚款;情节严重的,可以处五千元以上五万元以下的罚款;造成损失的,依法承担赔偿责任;构成犯罪的,依法追究刑事责任:

(一)侵占、损毁或者擅自迁移气象设施的;

(二)在气象探测环境保护范围内从事危害气象探测环境活动的。

第三十七条 违反本条例规定,有下列情形之一的,由气象主管机构责令改正,给予警告,并可以处五千元以下的罚款;情节严重的,可以处五千元以上二万元以下的罚款;给他人造成损失的,依法承担赔偿责任:

(一)应当安装防雷装置而拒不安装的;

（二）防雷装置未依照规定进行设计审核、竣工验收的；

（三）防雷装置未依照规定进行定期检测或者检测不合格又拒不整改的。

第三十八条　违反本条例规定,不具备防雷工程专业设计、施工、防雷装置检测的资质,或者超出防雷工程专业设计、施工资质等级,擅自从事防雷工程专业设计、施工、防雷装置检测的,由气象主管机构责令停止违法行为,可以处二万元以下的罚款;情节严重的,可以处二万元以上五万元以下的罚款;给他人造成损失的,依法承担赔偿责任;构成犯罪的,依法追究刑事责任。

第三十九条　气象主管机构和其他有关部门及其工作人员违反本条例规定,有下列情形之一的,由有权机关责令改正,对直接负责的主管人员和其他直接责任人员依法给予行政处分;构成犯罪的,依法追究刑事责任:

（一）未依照气象灾害防御规划和气象灾害防御应急预案的要求制定部门应急预案和采取其他相关预防措施的;

（二）拒绝或者未及时提供气象灾害有关监测信息的;

（三）因玩忽职守导致气象灾害警报、预警信息出现漏报、错报的;

（四）气象灾害警报、预警信息发布后,未根据气象灾害应急处理需要适时启动相关应急预案,不依法开展应急处置工作的;

（五）隐瞒、谎报或者授意他人隐瞒、谎报气象灾害信息和灾情的;

（六）其他玩忽职守、徇私舞弊、滥用职权的行为。

第七章　附　则

第四十条　本条例自 2010 年 3 月 1 日起施行

二、蔬菜生产的保护性条例

附件1 农业部公布的禁止和限制使用的农药名单
农业部公布的禁止和限制使用农药名单

为保障农业生产安全、农产品质量安全和生态环境安全,维护人民群众身体健康和生命安全,根据《农药管理条例》的有关规定,农业部在第194号、第199号、第274号、第322号、第1157号、第1586号、第2032号和第2289号公告中,明确规定了在我国范围内禁止生产销售使用的农药和不得在蔬菜、果树、茶叶、中草药材上使用及限制使用的农药品种。现将相关公告汇总如下。

一、全面禁止使用的农药(33种)

六六六,滴滴涕,毒杀芬,二溴氯丙烷,杀虫脒,二溴乙烷,除草醚,艾氏剂,狄氏剂,汞制剂,砷、铅类,敌枯双,氟乙酰胺,甘氟,毒鼠强,氟乙酸钠,毒鼠硅等18种农药,根据农业部第199号公告全面禁止销售和使用。

甲胺磷、甲基对硫磷、对硫磷、久效磷和磷胺等5种高毒农药,根据农业部第322号公告全面禁止销售和使用。

苯线磷、地虫硫磷、甲基硫环磷、磷化钙、磷化镁、磷化锌、硫线磷、蝇毒磷、治螟磷、特丁硫磷等10种农药,根据农业部第1586号公告全面禁止销售和使用。

二、限制使用的农药(18种)

1. 禁止氧乐果在甘蓝(农业部第194号公告)和柑橘树(农业部第1586号公告)上使用。(1种)

2. 根据农业部第199号公告禁止在蔬菜、果树、茶叶和中草药材240上使用的农药有:甲拌磷,甲基异柳磷,内吸磷,克百威(呋喃丹),涕灭威,灭线磷,硫环磷,氯唑磷。(8种)

3. 根据农业部第 199 号公告,三氯杀螨醇、氰戊菊酯禁止在茶树上使用。(2 种)

4. 根据农业部第 274 号公告,禁止丁酰肼(比久)在花生上使用。(1 种)

5. 根据农业部第 1157 号公告,除卫生用、玉米等部分旱田种子包衣剂外,禁止氟虫腈在其他方面使用。(1 种)

6. 根据农业部第 1586 号公告,禁止水胺硫磷在柑橘树上使用,禁止灭多威在柑橘树、苹果树、茶树和十字花科蔬菜上使用,禁止硫丹在苹果树和茶树上使用,禁止溴甲烷在草莓和黄瓜上使用。(4 种)

7. 根据农业部第 2289 号公告,撤销杀扑磷在柑橘树上的登记,禁止杀扑磷在柑橘树上使用。(1 种)

三、即将禁、限用的农药品种(10 种)

1. 根据(2013 年 12 月 9 日)农业部公告第 2032 号,决定对氯磺隆、胺苯磺隆、甲磺隆、福美胂、福美甲胂、毒死蜱和三唑磷等 7种农药采取进一步禁限用管理措施。

自 2013 年 12 月 31 日起,撤销氯磺隆所有产品和甲磺隆、胺苯磺隆单剂的农药登记证,自 2015 年 12 月 31 日起,禁止在国内销售和使用。自 2015 年 7 月 1 日起撤销甲磺隆和胺苯磺隆原药和复配制剂产品登记证,自 2017 年 7 月 1 日起,禁止在国内销售和使用。

自 2013 年 12 月 31 日起,撤销福美胂和福美甲胂的农药登记证,自 2015 年 12 月 31 日起,禁止福美胂和福美甲胂在国内销售和使用。

自 2014 年 12 月 31 日起,撤销毒死蜱和三唑磷在蔬菜上的登记,自 2016 年 12 月 31 日起,禁止毒死蜱和三唑磷在蔬菜上使用。

2. 根据(2012 年 4 月 24 日)农业部、工信部、国家质检总局联合公告第 1745 号,自 2014 年 7 月 1 日起,撤销百草枯水剂登记和生产许可、停止生产,保留母药生产企业水剂出口境外使用登记、

允许专供出口生产。2016年7月1日停止水剂在国内销售和使用

3. 根据(2015年8月22日)农业部公告第2289号,自2015年10月1日起,将溴甲烷、氯化苦的登记使用范围和施用方法变更为土壤熏蒸,撤销除土壤熏蒸外的其他登记。

附件2 宁波市地方标准(DB3302/T 097—2015) 蔬菜主要害虫综合防控技术规程

本规程由宁波市农业科学研究院生态环境研究所、宁波市种植业管理总站、慈溪市农业监测中心起草,经宁波市质量技术监督局批准发布实施。

蔬菜主要害虫综合防控技术规程

1. 范围

本标准规定了宁波地区蔬菜主要害虫种群发生动态监测与综合防控技术及应用方式。

本标准适用于蔬菜生产中小菜蛾、菜青虫、斜纹夜蛾、甜菜夜蛾、烟粉虱、蚜虫、美洲斑潜蝇、黄曲条跳甲、小猿叶甲、叶螨、蜗牛与蛞蝓等主要害虫的综合防控工作。

2. 规范性引用文件

下列文件对于本文件的应用是必不可少的。凡是注日期的引用文件,仅所注日期的版本适用于本文件。凡是不注日期的引用文件,其最新版本(包括所有的修改单)适用于本文件。

GB 4285 农药安全使用标准

GB 8321(所有部分) 农药合理使用准则

NY/T 1276 农药安全使用规范 总则

3. 术语与定义

下列术语与定义适用于本文件。

3.1　害虫种群发生动态监测

通过有代表性的定点和选点调查、观察,查明田间成虫和幼虫的发生量与生长发育进程,并根据成虫产卵高峰期、卵和虫态历期(附件 A),参考历年害虫发生规律记录资料,推算出幼虫孵化盛期,预测其种群发展趋势、发生量和为害程度,为确定防治适期和防治措施提供依据。

3.2　害虫综合防控

贯彻"预防为主、综合防治"的植保方针,通过害虫种群发生动态预测预报确定害虫种群发展趋势、发生量和为害程度,实现达标防治。优先采用农业、生态、生物等非化学农药防控手段,科学应用低毒安全化学农药,达到适度控害、安全生产的目的。

4. 小菜蛾(*Plutella xylostella* Curtis)综合防控技术

4.1　种群发生动态监测

主要为害十字花科蔬菜。种群监测方法如下。

(a)成虫诱集法:在田间放置 3 只/亩诱捕器,呈三角形排列,每天记录每只诱捕器所诱获的成虫数量,通过计算累计诱蛾量确定成虫始盛、高峰和盛末期及成虫发生量;

(b)大田调查法:根据小菜蛾最喜在甘蓝类作物上产卵和取食为害的特点,选择甘蓝类等蔬菜各个类型田各 2 块,每块田随机取样 5 点,每点查 5 株,调查记载全株虫量和有虫株率。

4.2　综合防控技术

4.2.1　农业防治

要求选用抗(耐)虫害品种,避免十字花科蔬菜连作;清洁田园,收获后及时处理残株,降低田间害虫种群量;严格苗期肥水管理,培育无虫害壮苗;结合田间作业摘除低龄害虫为害初期的白点状叶片。

4.2.2　生态防控

利用小菜蛾成虫的趋光性,以频振式杀虫灯诱杀成虫,一般每

3.5 公顷左右使用一盏杀虫灯;也可采用性诱剂诱杀雄性成虫,每 667 平方米设置诱捕器 5~8 只,诱捕器安放高度为离作物顶部约 40 厘米处,均匀排布。

4.2.3 生物防治

幼虫 2 龄之前,选用苏云金杆菌、印楝素等生物农药均匀喷雾进行防治。同时可通过保护菜蛾啮小蜂 *Oomyzus sokolowskii* Kurdjumov 和菜蛾盘绒茧蜂 *Cotesia vestalis* Haliday 等优势天敌种群,协同控害。

4.2.4 化学防治

防治适期:田间有虫株率达 15%,幼虫主体虫龄在 3 龄期之前。

适用药剂:多杀霉素、氟铃脲、甲氨基阿维菌素苯甲酸盐、氯虫苯甲酰胺、氰氟虫腙、氟啶脲、阿维菌素等药剂。

用药方式:叶背喷雾,必须严格实行化学药剂的交替使用,延缓害虫抗药性的产生。

5. 菜青虫(*Pieris rapae* Linnaeus)综合防控技术

5.1 种群发生动态监测

为蝶类害虫,主要为害十字花科蔬菜。种群监测方法如下:

(a)成虫调查法:成虫白天活动,尤其晴天上午更为明显。每隔 3 天调查一次,每次固定在上午 8—9 时,选择甘蓝型蔬菜田 2 块,每块田固定 50 平方米以上面积,目测成虫数量;

(b)大田调查法:于蔬菜主要生长季节,选择有代表性类型田 5~6 块,每块田随机取样 5 点,每点查 5 株,调查记载全株虫量和有虫株率。

5.2 综合防控技术

5.2.1 农业防治

合理种植布局,科学轮作,选用抗(耐)虫害品种;清洁田园,收获后及时清理残株败叶,降低田间害虫种群量;培育无虫害壮苗。

5.2.2　生态防控

菜青虫成虫有趋明黄色的特性,并喜取食含糖水分,可采用黄板、茼蒿等植物的明黄色花朵和糖水盆诱集并灭杀。

5.2.3　生物防治

于幼虫 3 龄前选用苏云金杆菌、苦参碱和印楝素等生物农药均匀喷雾防治。

5.2.4　化学防治

防治适期:田间有虫株率达 15%,幼虫的主体虫龄在 3 龄期之前。

适用药剂:氟啶脲、除虫脲、灭幼脲、阿维菌素、甲氨基阿维菌素苯甲酸盐、敌敌畏等药剂。

用药方式:全株喷雾。

6. 斜纹夜蛾(*Prodenia litura* Fabricius)综合防控技术

6.1　种群发生动态监测

食性杂,可为害多种蔬菜及其他作物。种群监测方法如下。

(a)成虫诱集法 1:一般于每年 6 月初开始,在田间每隔 50 米挂一只性诱剂诱捕器,呈三角形排列,每个监测点挂 3 只,每天记录诱捕器所捕获的雄蛾数量。

(b)成虫诱集法 2:每年 4 月至 11 月底,选择在典型的蔬菜田附近设置频振式杀虫灯一盏,每天检查、记载成虫数量。

(c)大田调查法:可在蔬菜地周边点植或条植一些芋芳,于每年的斜纹夜蛾发生期前(5 月底至 6 月初)开始定期调查植株上的斜纹夜蛾卵块和幼虫数量,确定一代害虫出现期。此后,选择有代表性类型田 5~6 块,每块田随机取样 5 点,每点查 5 株,调查全株虫量和有虫株率。

6.2　综合防控技术

6.2.1　农业防治

清洁田园,降低田间害虫种群量;培育无虫害壮苗;结合田间作业,摘除卵块及幼虫扩散前为害的带网状取食孔洞叶片;在田块周围点植或条植芋芳等易感植物诱集(1~2)代幼虫,集中杀灭。

6.2.2　生态防控

利用性诱剂诱杀成虫,方法为:要求连片使用面积 30 公顷在以上。采用成品诱捕器"边密中疏"排布法:诱集区边缘 3 排诱捕器间距为 45 米×15 米一个(每 667 平方米放置 1 个),中间每 45 米×45 米一个(每 3×667 平方米放置 1 个)。诱捕器离作物顶部 70 厘米左右,清理诱集到的成虫,以保证诱集效果;也可利用成虫趋光性,以频振式杀虫灯诱杀成虫,一般每 3.5~5 公顷使用一盏杀虫灯。

6.2.3　生物防治

幼虫 2 龄前,使用印楝素、斜纹夜蛾核型多角体病毒等杀虫剂均匀喷雾,并利用病毒在害虫间的传染达到更大面积、长时间控制害虫的目的;还可通过保护马尼拉陡胸茧蜂 *Snellenius manilae* (Ashmead)、侧沟茧蜂 *Microplitis* sp. 等优势天敌种群,协同控害。

6.2.4　化学防治

防治适期:田间有虫株率达 3%,幼虫盛孵期至 2 龄幼虫高峰期。

适用药剂:氯虫苯甲酰胺、斜纹夜蛾核型多角体病毒、溴氰虫酰胺等药剂。

用药方式:采取"诱治一二代、重治三代,巧治四代,挑治五六代"的防治方式;于傍晚幼虫取食高峰前用药,叶背喷雾;严格实行化学药剂的交替使用,延缓害虫抗药性的产生。

7. 甜菜夜蛾(*Laphygma exigua* Hubner)综合防控技术

7.1　种群发生动态监测

食性杂,为害多种蔬菜及其他作物。种群监测方法:

(a)成虫诱集法 1:一般每年 6 月中旬开始,在田间每个观察点每隔 40 米一个放置 3 个性诱剂诱捕器,每天早晨观察 1 次,计算诱蛾量;

（b）成虫诱集法 2：每个观测点设 1 盏诱集灯，开灯时间为每年6—10 月，每天开灯时间为 19 时至次日 6 时，每天检查、记载甜菜夜蛾成虫数量；

（c）大田调查法：于蔬菜主要生长季节，选择有代表性类型田5~6 块，每块田随机取样 5 点，每点查 5 株，秧苗期全株调查，记载全株虫量和有虫株率。

7.2　综合防控技术

在明确害虫种群发生动态的前提下，其防治方式与斜纹夜蛾防治相同。

适用药剂：甲氨基阿维菌素苯甲酸盐、氯虫苯甲酰胺、氟苯虫酰胺、虫螨腈、氟铃脲、氟啶脲、甲氧虫酰肼、乙基多杀菌素等药剂。

8.　烟粉虱（*Bemisia tabaci* gennadius）综合防控技术

8.1　种群发生动态监测

寄主范围广，为害瓜、茄果、豆类与叶菜等多种蔬菜，并传播病毒病。种群监测方法：

（a）成虫诱集法：采用 23 厘米×27 厘米纸质型粘虫色胶板。按大棚、露地分设 2 个监测点，每点定有常年种植作物的类型田1~3 块，每块在作物上悬挂 3 张黄板，间距 15~20 米，悬挂高度为高出作物 10~20 厘米，每 2 天调查、记载 1 次成虫诱集量，并更换黄板。

（b）大田调查法：于蔬菜主要生长季节，选择有代表性类型田5~6 块，每块田随机取样 5 点，每点查 5 株，秧苗期全株调查，记载株虫量和有虫株率；成株期高大植株采取上部东西南北中取样 10叶调查，记载百叶虫口密度。

8.2　综合防控技术

8.2.1　农业防治

合理作物布局，避免瓜、茄果与豆类、十字花科蔬菜混栽或轮作；科学选择保护地秋冬季栽培作物品种，努力从越冬环节切断其自然生活史；清洁田园，去除作物下部若虫高发生叶片，收获后及时处理残株,降低田间害虫种群量;保护地在栽培前彻底清除杂草等绿色植物,闷棚72小时以上,可杀死残留虫源;培育无虫害壮苗,防止虫害传播的病毒病。

8.2.2 生态防控

黄板诱杀成虫:在田间每亩放置黄板40~60块,均匀分布,悬挂高度为与植株等高或高出作物10~20厘米。

防虫网避虫:保护地可使用矩形网格的防虫网(30目×60目)覆盖避虫。

8.2.3 生物防治

保护地栽培移栽后,可连续释放丽蚜小蜂 Encarsia formosa gahan,每10天加放一次,蜂卡挂于植株中上部;虫口密度大时也可释放刀角瓢虫 Serangium japonicum Chapin 等捕食性天敌。

8.2.4 化学防治

防治适期:于烟粉虱发生始盛期,有虫株率10%~15%时开始用药,根据田间虫情,每隔5天用药一次,连续防治3次以上。

适用药剂:矿物油、螺虫乙酯、噻虫胺、溴氰虫酰胺、氟啶虫胺氰、啶虫脒、噻虫嗪等药剂。

用药方式:叶背喷雾,必须严格实行化学药剂的交替使用,延缓害虫抗药性的产生。

9. 蚜虫综合防控技术

9.1 种群发生动态监测

易产生为害的种类有:萝卜蚜 Lipaphis erysimi pseudobrassicae Davis、桃蚜 Myzus persicae Sulzer、甘蓝蚜 Brevicoryne brassicae Linnaeus、豆蚜 Aphis craccivora Koch 等种类,为害多种蔬菜,并传播病毒病。

种群监测方法:

(a)有翅蚜诱集法1:采用23厘米×27厘米纸质型粘虫色胶板,按大棚、露地分设2个监测点,每点定有常年种植作物的类型田1~3块,每块在作物上悬挂3~5张黄板,间距15~20米,挂板高度为高出作物顶部15~30厘米处,每天观察每张黄板蚜虫粘着量。

（b）有翅蚜诱集法2:于3月上中旬至11月底,选择十字花科蔬菜或毛豆田边近地面放置30厘米×30厘米×10厘米黄盆3只,内盛盆深2/3左右的肥皂水,诱盆间距30~50米,以略高于作物为宜,逐日记载前日有翅蚜的投盆量。

（c）大田调查法:于蔬菜主要生长季节,选择有代表性类型田5~6块,每块田随机取样5点,每点查5株,秧苗期全株调查,记载株虫量和有虫株率。

9.2 综合防控技术

9.2.1 农业防治

选用抗虫品种;清除菜田及附近杂草,减少越冬虫源;利用纱网育苗,阻挡蚜虫侵入为害,培育无虫苗。

9.2.2 生态防控

黄板诱杀:每只标准大棚放置黄板40块,每亩大田放置黄板60块并置于同作物同等高度处,能诱杀大量蚜虫。

银灰膜避虫:选用银灰色地膜或银灰色膜条避蚜。

防虫网避虫:保护地可使用矩形网格的防虫网（30目×60目）覆盖避虫。

9.2.3 生物防治

植物灭蚜:利用烟草、辣椒等植物材料杀灭。

植物驱避:利用韭菜等植物挥发的气味进行驱避。

9.2.4 化学防治

防治适期:有翅蚜迁飞始盛期,田间有蚜株率5%~15%。

适用药剂:苦参碱、吡蚜酮、吡虫啉、啶虫脒、噻虫嗪、抗蚜威等药剂。

用药方式:叶背喷雾。

10. 美洲斑潜蝇（*Liriomyza sativae* Blanchard）综合防控技术

10.1 种群发生动态监测

可为害豆类、叶菜、茄果、瓜类等多种蔬菜。种群监测方法:

（a）成虫诱集法：采用 23 厘米×27 厘米纸质型粘虫色胶板。按大棚、露地分设 2 个监测点，每点选有害虫易感的豆类、叶菜、瓜类等作物 1~3 个田块，每块设 3~5 个黄板，间距 15~20 米，高度为高出作物顶部 15~30 厘米，每天观察成虫诱集量。

（b）大田调查法：在茄科杂草龙葵 *Solanum nigrum* L. 上观察越冬代成虫产卵和发育进度；于蔬菜主要生长季节，选择有代表性类型田 5~6 块，每块田随机取样 5 点，每点查 5 株，秧苗期全株调查，记载株虫量和有虫株率。

10.2 综合防控技术

10.2.1 农业防治

及时清除杂草、残枝败叶，集中处理，减少田间害虫种群量；发现零星叶片受害时，及时摘除带虫叶片，集中深埋或烧毁。

10.2.2 生态防控

成虫黄板诱杀：在成虫始盛期或盛末期用黄色诱蝇纸诱杀成虫，每 667 平方米置 15 个诱杀点，每个点放置 1 张诱蝇纸诱杀成虫，15 天左右更换 1 次。

防虫网避虫：保护地可使用矩形网格的防虫网（30 目×60 目）覆盖避虫。

10.2.3 生物防治

可通过保护或释放姬小蜂 *Diglyphus* spp. 、反颚茧蜂 *Dacnusin* spp. 潜蝇茧蜂 *Opius* spp. 等寄生蜂，控制害虫种群。

10.2.4 化学防治

防治适期：于成虫羽化产卵始盛期，有虫株率 10%~15% 时开始用药。

适用药剂：阿维菌素、灭蝇胺、溴氰虫酰胺等药剂。

用药方式：防治初期应连续喷药 2 次，用药间隔期 3~5 天，以尽快压低虫口密度，之后视虫害情况每 7~10 天防治一次。注意不同类型药剂轮换交替使用，延缓害虫抗药性的产生。

11. 黄曲条跳(*Phyllotreta striolata* Fabricius)综合防控技术

11.1　种群发生动态监测

主要为害叶菜类蔬菜。种群监测方法:

(a)成虫诱集法:采用诱捕器+性诱剂诱芯、黄盆+水、黑光灯等,每次设 2 个监测点,每点选叶菜类作物 1~3 个田块,每块设3~5 个诱集点,每天观察和记录诱集的成虫数量。

(b)大田调查法:平时 5 天 1 次,发生期 2 天 1 次,选择有代表性类型田 5~6 块,每块田随机取样 5 点,每点查 5 株,全株调查,记载叶菜植株破叶率和有虫株率。

11.2　综合防控技术

11.2.1　农业防治

播前深耕并晒土,清除残株落叶和杂草、造成不利于幼虫生活的环境并消灭虫蛹;铺设地膜,避免成虫把卵产在根部;避免十字花科蔬菜连作;在整地前喷撒石灰,播种前 7~10 天进行耕翻土地和晒垡灭卵、灭虫;虫口基数较高、受害重的田块,播种前先灌水5~7 天(保持水层 5~10 厘米),杀灭卵、幼虫、蛹后再耕田播种。

11.2.2　生态防控

根据成虫趋光习性,以频振式杀虫灯诱杀成虫,一般每 3.5 公顷使用一盏杀虫灯。

11.2.3　生物防治

以印楝素等生物药剂对幼虫进行防治。

11.2.4　化学防治

幼虫防治:重点开展土壤和种子处理以防控幼虫种群。适用药剂:马拉硫磷、溴氰虫酰胺。

成虫防治:可选用马拉硫磷、敌敌畏等药剂及其复配剂;用药方式:土壤用药时,在近根际条施、穴施、喷雾或拌种处理;植株用药时,全株喷雾,注意采用从田块外围向中间转圈式用药。

12. 小猿叶甲(*Phaedon brassicae* Baly)综合防控技术

12.1 种群发生动态监测

主要为害叶菜类蔬菜。种群监测采用大田调查法:平时 5 天 1 次,害虫发生期 1~2 天 1 次,选择萝卜、白菜类蔬菜等易感作物田块 5~6 块,每块田随机取样 5 点,每点查 5 株,记载全株虫量和有虫株率。

12.2 综合防控技术

12.2.1 农业防治

清除残株败叶,铲除杂草,降低田间害虫种群量;利用成、幼虫假死性,进行振落扑杀。

12.2.2 化学防治

防治适期:应在幼虫发生期用药,有虫株率 10%~15%。

适用药剂:幼虫采用阿维菌素、马拉硫磷等药。

用药方式:叶背喷雾。成虫选用辛硫磷、敌百虫等药剂及其复配剂;全株喷雾或灌根。

13. 叶螨(*Panonychus citri* Mcgregor)综合防控技术

13.1 种群发生动态监测

主要为害茄果类、豆类、瓜类等蔬菜。种群监测采用大田调查法:选择茄子、辣椒、马铃薯、番茄、豆类、瓜类等易感植物,平时 5 天 1 次,发生期 1~2 天 1 次,选择有代表性类型田 5~6 块,每块田随机取样 5 点,每点查 5 株,调查有螨株率。

13.2 综合防控技术

13.2.1 农业防治

清除枯枝落叶和杂草,耕整土地,以消灭越冬虫态;加强虫情检查,控制在点、片为害阶段,做好查、抹、摘。

13.2.2 化学防治

防治适期:大田叶螨扩散初期,有虫株率 5%。

适用药剂:虫螨腈、炔螨特、哒螨灵、噻螨酮、唑螨酯等药剂。

用药方式:叶背喷雾,每隔 10~14 天 1 次,连续 2~3 次。

14. 蜗牛和蛞蝓(*Agriolimax agrestis* Linnaeus)综合防控技术

14.1　种群发生动态监测

蜗牛常发生的有灰巴蜗牛 *Bradybaena ravida* Benson、同型巴蜗牛 *Brddybaena similaris* Fèrussac，与蛞蝓相似，可为害叶菜、茄果、瓜类等多种蔬菜。

种群监测采用大田调查法：平时 5 天 1 次，发生期 2 天 1 次，选择有代表性类型田 5~6 块，每块田随机取样 5 点，每点查 5 株，于早晚害虫活动期全株调查，记载植株破叶率和株为害率。

14.2　综合防控技术

14.2.1　农业防治

改善菜地生态环境，注意通风透光，使菜地表土有一定的干燥程度；清洁田园，及时中耕，排除积水等，破坏其栖息和产卵场所；冬季翻耕，使部分成幼体暴露地面冻杀之。

14.2.2　生态防控

用树叶、杂草、菜叶等做成诱集堆，人工诱杀；早、晚集中捕捉；傍晚在沟边、地头撒石灰带可杀死部分成、幼体。

14.2.3　化学防治

防治适期：以蜗牛产卵前防治为宜，田间有小蜗牛时再防 1 次效果更好。

适用药剂：一般四聚乙醛诱杀为主；田间小蜗牛大量集中发生时也可采用茶子饼粉撒施，或茶子饼粉 1~1.5 千克加水 100 千克浸泡 24 小时后，取其滤液喷雾。

附录 A(资料性附录)
不同温度下的虫态历期

A.1　小菜蛾

小菜蛾不同温度下的虫态历期见表 A.1。

表 A.1　小菜蛾不同温度下的虫态历期

虫态	发育起点温度/℃	有效积温/(d·℃)	历期(d)/温度(℃)					
			110	115	220	225	330	335
卵	111.07	447.10	—	111.98	55.27	33.38	22.49	11.97
一龄	99.49	336.90	772.35	66.70	33.51	22.38	11.80	11.45
二龄	99.96	334.03	8850.75	66.75	33.39	22.26	11.70	11.36
三龄	110.20	333.62	—	77.00	33.43	22.27	11.70	11.36
四龄	99.96	334.03	8850.75	66.75	33.39	22.26	11.70	11.36
蛹	88.96	772.83	770.03	112.06	66.60	44.54	33.46	22.80

A.2　斜纹夜蛾

斜纹夜蛾不同温度下的虫态历期见表 A.2。

表 A.2　斜纹夜蛾不同温度下的虫态历期

虫态	发育起点温度/℃	有效积温/(d·℃)	历期(d)/温度(℃)					
			115	220	225	330	335	440
卵	113.69	445.36	334.55	77.19	44.01	22.78	22.13	11.72
一龄	99.46	771.86	112.97	66.82	44.62	33.50	22.81	22.35
二龄	111.92	332.27	110.46	33.99	22.47	11.78	11.40	11.15
三龄	112.20	448.49	117.32	66.22	33.79	22.72	22.13	11.74
四龄	99.73	550.51	99.58	44.92	33.31	22.49	22.00	11.67
五龄	112.99	225.90	112.87	33.69	22.16	11.52	11.18	00.96
六龄	116.64	224.38	—	77.25	22.92	11.82	11.33	11.04
预蛹	115.44	118.99	—	44.16	11.99	11.30	00.97	00.77
卵蛹	113.57	1122.88	885.99	119.11	110.75	77.48	55.73	44.65
产卵前期	117.55	111.96	—	44.88	11.60	00.96	00.69	00.53

A.3　甜菜夜蛾

甜菜夜蛾不同温度下的虫态历期见表 A.3。

表 A.3　甜菜夜蛾不同温度下的虫态历期

虫态	发育起点温度/℃	有效积温/(d·℃)	历期(d)/温度(℃)					
			115	220	225	330	335	440
卵	117.13	225.48	—	88.88	33.24	11.98	11.43	11.11
一龄	114.22	993.71	1120.14	116.21	88.69	55.94	44.51	33.63
二龄	114.91	224.99	2277.67	44.91	22.48	11.66	11.24	11.00
三龄	118.37	117.48	—	110.72	22.64	11.50	11.05	00.81
四龄	115.09	335.90	—	77.31	33.62	22.41	11.80	11.44
五龄	118.39	330.14	—	118.72	44.56	22.60	11.81	11.39
六龄	118.37	226.97	—	116.55	44.07	22.32	11.62	11.25
预蛹	119.64	88.83	—	224.53	11.65	00.85	00.57	00.43
蛹	114.93	996.02	1371.71	118.94	99.54	66.37	44.78	33.83
产卵前期	77.47	664.54	88.57	55.15	33.68	22.86	22.34	11.98

A.4　美洲斑潜蝇

美洲斑潜蝇不同温度下的虫态历期见表 A.4。

表 A.4　美洲斑潜蝇不同温度下的虫态历期

虫态	发育起点温度/℃	有效积温/(d·℃)	历期(d)/温度(℃)					
			110	115	220	225	330	3350
卵	114.4	229.0	—	448.33	55.18	22.74	11.86	11.41
幼虫	112.8	448.9	—	222.23	66.79	44.01	22.84	22.20
蛹	111.1	1136.6	—	335.03	115.35	99.83	77.23	55.72
成虫	115.0	223.7	—	—	44.74	22.37	11.58	11.19

A.5　烟粉虱

烟粉虱不同温度下的虫态历期见表 A.5。

表 A.5　烟粉虱不同温度下的虫态历期

虫态	发育起点温度/℃	有效积温/(d·℃)	历期(d)/温度(℃)						
			117	220	223	226	229	332	335
卵	112.4	990.0	118.9	99.6	77.4	55.6	44.5	44.4	55.8
一龄若虫	112.5	227.8	99.5	44.4	33.2	22.8	11.8	11.9	33.2
二龄若虫	110.5	448.0	55.3	33.8	33.5	22.2	22.2	22.2	22.5
三龄若虫	112.4	333.6	55.8	33.7	33.7	22.1	11.8	2	22.8
四龄若虫（伪蛹）	111.1	441.2	111.6	88.7	44.9	55.1	33.6	44.2	55.6
全世代（整个幼期）	112.4	2263.8	448.7	330.3	221.7	117.6	113.9	114.4	220.7

附录 B（资料性附录）

表 B.1　蔬菜害虫防治常用药剂和试验方法

中文通用名	剂型及含量	每亩每次制剂施用量及施药方法	每季作物推荐使用次数	主要防治对象
阿维菌素	1.8%乳油	(30~40)g/亩,喷雾	1	小菜蛾、菜青虫
虫螨腈	240g/L悬浮剂	(20~30)ml/亩,喷雾	2	叶螨
多杀霉素	25g/L悬浮剂	(33.3~66.7)g/亩,喷雾	1	小菜蛾
氟铃脲	5%乳油	(40~80)g/亩,喷雾	2	小菜蛾、甜菜夜蛾
氯虫苯甲酰胺	5%悬浮剂	(33.3~66.7)g/亩,喷雾	2	小菜蛾、甜菜夜蛾、斜纹夜蛾
氰氟虫腙	22%悬浮剂	(60~80)g/亩,喷雾	2	小菜蛾、甜菜夜蛾
氟苯虫酰胺	20%水分散粒剂	(15~16.7)g/亩,喷雾	2	小菜蛾、甜菜夜蛾
甲氧虫酰肼	240g/L悬浮剂	(25~50)ml/亩,喷雾	2	甜菜夜蛾
乙基多杀菌素	60g/L悬浮剂	(12.5~25)ml/亩,喷雾	2	小菜蛾、甜菜夜蛾、蓟马
虫螨腈	10%240g/L悬浮剂	(33.3~50)g/亩,喷雾	2	小菜蛾、甜菜夜蛾、蓟马、朱砂叶螨

（续表）

中文通用名	剂型及含量	每亩每次制剂施用量及施药方法	每季作物推荐使用次数	主要防治对象
溴氰虫酰胺	10%可分散油悬浮剂	(10~13.3)g/亩,喷雾	2	小菜蛾、斜纹夜蛾
		(24~28)g/亩,喷雾	2	黄条跳甲
		(14~18)g/亩,喷雾	2	斑潜蝇
		(30~40)g/亩,喷雾	2	蚜虫、烟粉虱
氟啶脲	50g/L乳油	(40~80g/亩,喷雾	3	小菜蛾
	5%乳油	(45~60)g/亩,喷雾	3	甜菜夜蛾、菜青虫
除虫脲	25%可湿性粉剂	(50~60)g/亩,喷雾	2	菜青虫
灭幼脲	25%悬浮剂	(10~20)g/亩,喷雾	1	菜青虫
灭蝇胺	50%可溶粉剂	(15~20)g/亩,喷雾	2	斑潜蝇
斜纹夜蛾核型多角体病毒	10亿PIB/ml悬浮剂	(50~75)g/亩,喷雾	2	斜纹夜蛾
甲氨基阿维菌素苯甲酸盐	1%乳油	(10~17)g/亩,喷雾	2	菜青虫
		(10~30)g/亩,喷雾	2	小菜蛾
	1.5%乳油	(10~16.7)g/亩,喷雾	2	小菜蛾
	0.2%乳油	(50~60)g/亩,喷雾	2	小菜蛾、甜菜夜蛾
	0.5%乳油	(30~500)g/亩,喷雾	2	甜菜夜蛾
苏云金杆菌	16 000IU/mg	(50~150)g/亩,喷雾	3	小菜蛾、菜青虫
印楝素	0.3%乳油	(300~500)g/亩,喷雾	3	小菜蛾
		(90~140)g/亩,喷雾	3	小青虫
苦参碱	1.3%水剂	(23~34.6)g/亩,喷雾	2	蚜虫、菜青虫
	0.3%水剂	(100~150)g/亩,喷雾	2	蚜虫、菜青虫
吡虫啉	10%可湿性粉剂	(10~20)g/亩,喷雾	2	蚜虫
啶虫脒	20%微乳剂	(4~5)g/亩,喷雾	3	烟粉虱
	5%乳油	(12~18)g/亩,喷雾	3	蚜虫
噻虫嗪	25%水分散粒剂	(7~15)g/亩,喷雾	2	白粉虱
		(4~8)g/亩,喷雾	2	蚜虫

（续表）

中文通用名	剂型及含量	每亩每次制剂施用量及施药方法	每季作物推荐使用次数	主要防治对象
矿物油	99%乳油	(300~500)g/亩,喷雾	3	烟粉虱
螺虫乙酯	22.4%悬浮剂	(21.4~32.1)g/亩,喷雾	2	烟粉虱
噻虫胺	50%水分散粒剂	(6~8)g/亩,喷雾	2	烟粉虱
氟啶虫胺腈	50%水分散粒剂	(10~13.3)g/亩,喷雾	2	烟粉虱
吡蚜酮	70%水分散粒剂	(8~12)g/亩,喷雾	1	蚜虫
抗蚜威	25%水分散粒剂	(20~36)g/亩,喷雾	3	蚜虫
快螨特	730g/L乳油	(30~45)ml/亩,喷雾	2	叶螨
哒螨灵	15%乳油	(40~60)g/亩,喷雾	22	叶螨
马拉硫磷	45%乳油	(90~110)g/亩,喷雾	22	黄条跳甲
敌敌畏	80%乳油	(50~65)g/亩,喷雾	22	菜青虫
		(75~100)g/亩,喷雾	22	蚜虫
藜芦碱	00.5%可溶液剂	(120~140)g/亩,喷雾	33	叶螨
		(75~100)g/亩,喷雾	33	菜青虫、棉铃虫、蚜虫
噻螨酮	55%乳油	(50~66)g/亩,喷雾	22	叶螨
四聚乙醛	66%颗粒剂	(400~556)g/亩,撒施	22	蜗牛、蛞蝓

附件 3

2017 年浙江省蔬菜、瓜果病虫草害防治药剂推荐名单

病虫草害种类	有效成分	主要剂型
根结线虫病	阿维菌素	5%微囊悬浮剂,1%、1.5%颗粒剂,5%微乳剂
	蜡质芽孢杆菌	10 亿 cfu/ml 悬浮剂
	噻唑膦	20%水乳剂,75%乳油,10%、15%颗粒剂
	棉隆	98%微粒剂
	氰氨化钙	50%颗粒剂
	氟吡菌酰胺	41.7%悬浮剂

（续表）

病虫草害种类	有效成分	主要剂型
果蔬类细菌性病害（软腐病、角斑病等）	噻森铜	20%、30%悬浮剂
	噻菌铜	20%悬浮剂
	噻唑锌	20%、30%悬浮剂
	氢氧化铜	46%、53.8%、57.6%水分散粒剂,77%可湿性粉剂
	*噻霉酮	3%微乳剂
	春雷霉素	2%水剂,6%可湿性粉剂
	氯溴异氰尿酸	50%可溶粉剂
	多粘类芽孢杆菌	10亿CFU/g可湿性粉剂
番茄叶霉病	氟硅唑	10%水乳剂
	抑霉唑	15%烟剂
	多抗霉素	10%可湿性粉剂
	*噁酮·霜脲氰	52.5%水分散粒剂
	氟菌·肟菌酯	43%悬浮剂
	春雷·王铜	47%可湿性粉剂
	嘧菌酯	250g/L悬浮剂
草莓白粉病	四氟醚唑	4%、12.5%水乳剂
	醚菌·啶酰菌	300g/L悬浮剂
	氟菌唑	30%可湿性粉剂
	*唑醚·氟酰胺	42.4%悬浮剂
	粉唑醇	12.5%悬浮剂
	枯草芽孢杆菌	1 000亿孢子/g、10亿孢子/g可湿性粉剂

（续表）

病虫草害种类	有效成分	主要剂型
草莓灰霉病	唑醚·啶酰菌	38%水分散粒剂
	枯草芽孢杆菌	1 000 亿个/g
	*嘧霉胺	400g/L悬浮剂
	*唑醚·氟酰胺	42.4%悬浮剂
	啶酰菌胺	50%水分散粒剂
果蔬类灰霉病、菌核病	异菌脲	50%可湿性粉剂、500g/L悬浮剂
	*肟菌酯	30%悬浮剂
	*噁酮·霜脲氰	52.5%水分散粒剂
	啶酰菌胺	50%水分散粒剂
	腐霉利	50%可湿性粉剂
	氟菌·肟菌酯	43%悬浮剂
	啶氧菌酯	22.5%悬浮剂
	*唑醚·氟酰胺	42.4%悬浮剂
	啶菌噁唑	25%乳油
	*坚强芽孢杆菌	25 亿芽孢/g 可湿性粉剂
瓜果类蔓枯病	啶氧菌酯	22.5%悬浮剂
	嘧菌·百菌清	560g/L悬浮剂
	嘧菌酯	250g/L悬浮剂
	双胍三辛烷基苯磺酸盐	40%可湿性粉剂
	氟菌·戊唑醇	35%悬浮剂
	苯甲·嘧菌酯	325g/L悬浮剂
	氟菌·肟菌酯	43%悬浮剂
	*苯甲·氟酰胺	12%悬浮剂
	唑醚·代森联	60%水分散粒剂

（续表）

病虫草害种类	有效成分	主要剂型
果蔬类霜霉病、疫病、晚疫病、早疫病	氟菌·霜霉威	687.5g/L 悬浮剂
	烯酰·唑嘧菌胺	47%悬浮剂
	＊乙蒜素	80%乳油
	＊烯酰·吡唑酯	18.7%水分散粒剂
	烯酰吗啉	50%悬浮剂,50%水分散粒剂
	丙森·缬霉威	66.8%可湿性粉剂
	霜脲·锰锌	72%可湿性粉剂
	噁酮·霜脲氰	52.5%水分散粒剂
	精甲霜·锰锌	68%水分散粒剂
	双炔酰菌胺	23.4%悬浮剂
	霜霉威盐酸盐	722g/L 水剂
	＊肟菌酯	30%悬浮剂
	＊唑醚·代森联	60%水分散粒剂
	＊吡唑醚菌酯	30%悬浮剂
	＊吲唑磺菌胺	18%悬浮剂
	氟噻唑吡乙酮	10%可分散油悬浮剂
果蔬类白粉病	吡萘·嘧菌酯	29%悬浮剂
	氟菌·戊唑醇	35%悬浮剂
	＊唑醚·氟酰胺	42.4%悬浮剂
	＊肟菌酯	30%悬浮剂
	＊戊唑醇	20%乳油
	乙嘧酚磺酸酯	25%微乳剂
	硝苯菌酯	36%乳油
	矿物油	99%乳油
	氟菌唑	30%可湿粉剂
	四氟醚唑	4%水乳剂
	＊苯甲·氟酰胺	12%悬浮剂
	氟唑活化酯	5%乳油

（续表）

病虫草害种类	有效成分	主要剂型
瓜果类炭疽病	咪鲜胺	250g/L、25%乳油
	吡唑醚菌酯	250g/L 乳油
	嘧菌酯	250g/L 悬浮剂
	*肟菌酯	30%悬浮剂
	*唑醚·氟酰胺	42.4%悬浮剂
	肟菌·戊唑醇	75%水分散粒剂
	苯醚甲环唑	10%、60%水分散粒剂
	苯甲·嘧菌酯	325g/L悬浮剂、48%悬浮剂
	氟菌·肟菌酯	43%悬浮剂
茭白胡麻斑病	咪鲜胺	25%乳油
	丙环唑	25%、250g/L乳油
茭白二化螟	甲氨基阿维菌素苯甲酸盐	2.2%、3.4%、5.7%微乳剂
	阿维菌素	18g/L、1.8%、3.2%、5%乳油
茭白长绿飞虱	噻嗪酮	65%可湿粉剂
果蔬类温室烟粉虱、蚜虫	矿物油	99%乳油
	螺虫乙酯	22.4%悬浮剂
	氟啶虫胺腈	22%悬浮剂
	螺虫·噻虫啉	22%悬浮剂
	呋虫胺	20%可溶粒剂
	*氟啶虫酰胺	10%水分散粒剂
	*d-柠檬烯	5%可溶性液剂
	溴氰虫酰胺	10%可分散油悬浮剂,19%悬浮剂
果蔬类美洲斑潜蝇	灭蝇胺	30%、50%可湿性粉剂,70%水分散粒剂
	*乙基多杀菌素	25%水分散粒剂
	溴氰虫酰胺	10%可分散油悬浮剂,19%悬浮剂
	阿维菌素	2%乳油、3.2%、18g/L乳油

（续表）

病虫草害种类	有效成分	主要剂型
果蔬类蓟马	呋虫胺	20%可溶粒剂
	多杀霉素	25g/L悬浮剂
	乙基多杀菌素	60g/L悬浮剂
	啶虫脒	20%可溶粉剂、可溶液剂 40%、70%水分散粒剂
果蔬类蜗牛、蛞蝓	四聚乙醛	6%、10%、15%颗粒剂
	杀螺胺乙醇胺盐	50%可湿性粉剂
果蔬类地下害虫（蛴螬、小地老虎、蝼蛄、韭蛆）	辛硫磷	3%颗粒剂,40%乳油
	氯虫·噻虫嗪	300g/L悬浮剂
	联苯菊酯	0.2%颗粒剂
蔬菜鳞翅目害虫（小菜蛾、菜青虫、斜纹夜蛾、甜菜夜蛾）	*甲维·虱螨脲	45%水分散粒剂
	*乙基多杀菌素	60g/L悬浮剂
	*氯虫苯甲酰胺	5%悬浮剂
	依维菌素	0.5%乳油
	丁醚脲	50%可湿性粉剂、悬浮剂
	虫螨腈	10%悬浮剂
	溴氰虫酰胺	10%可分散油悬浮剂
	*氰氟虫腙	22%悬浮剂
	*斜纹夜蛾性诱剂	1.1%诱芯
	茚虫威	150g/L悬浮剂、水分散粒剂
	斜纹夜蛾核型多角体病毒	10亿PIB/g可湿性粉剂
	甲氧虫酰肼	240g/L悬浮剂

（续表）

病虫草害种类	有效成分	主要剂型
蔬菜黄曲条跳甲	氯虫·噻虫嗪	300g/L 悬浮剂
	联苯·噻虫胺	1%颗粒剂
	虫腈·哒螨灵	40%悬浮剂
	啶虫·哒螨灵	10%、20%微乳剂,42%可湿性粉剂
	杀虫·啶虫脒	28%可湿性粉剂
	溴氰虫酰胺	10%可分散油悬浮剂
	氯氟·啶虫脒	22.5%可湿性粉剂
果蔬类害螨	乙螨唑	110g/L 悬浮剂
	虫螨腈	240g/L 悬浮剂
	丁氟螨酯	20%悬浮剂
	矿物油	99%乳油
	阿维菌素	18g/L 乳油
	联苯肼酯	43%悬浮剂
	依维菌素	0.5%乳油
叶菜田除草	二甲戊灵	33%乳油、330g/L 乳油、450g/L 微囊悬浮剂
	精喹禾灵	5%乳油、50g/L 乳油
	精吡氟禾草灵	15%乳油、150g/L 乳油
	精异丙甲草胺	960g/L 乳油
瓜茄果类蔬菜田除草	二甲戊灵	33%乳油、330g/L 乳油
	敌草胺	50%水分散粒剂
	精吡氟禾草灵	15%乳油、150g/L 乳油

*为2017年新增药剂。据浙农专发〔2017〕41号《2017年浙江省主要农作物病虫草害防治药剂推荐名单》

附件4
浙江省农业厅关于印发八种(类)
农作物病虫害绿色防控技术的通知
（本书仅摘录蔬菜作物部分）

浙江省十字花科蔬菜病虫害绿色防控技术

十字花科蔬菜是浙江省蔬菜的重要种类。十字花科蔬菜病虫害种类多，发生情况复杂，农药用量大。病虫严重发生时常常使菜农遭受严重损失，而农药的不合理使用不仅造成环境污染、破坏生态平衡，还会给产品质量安全带来严重威胁。采用绿色防控技术对控制病虫危害，确保蔬菜生产安全、农产品质量安全和环境安全，具有重要作用。

一、技术模式

注重农业防治，应用理化诱控，协调生物防治，强化安全用药，有效控制病虫危害。

二、主要防控对象

虫害：蚜虫、烟粉虱、黄条跳甲、猿叶甲、小菜蛾、菜青虫、斜纹夜蛾、甜菜夜蛾。

病害：霜霉病、软腐病、黑腐病、病毒病。

三、关键防治措施

（一）农业防治

1. 选用抗病品种。选择抗逆性强、商品性好、品质优的品种。

2. 深耕土壤。对土壤进行深翻，降低病虫基数。同时深翻可以改善土壤的通透性，使蔬菜作物根系发达，提高抵抗病虫的能力。

3. 肥水管理。科学灌溉，平衡施肥。增施充分腐熟的有机肥作基肥，合理配置氮磷钾肥，改善作物生长营养条件，减轻病虫危害。

4. 清洁田园。生长期及时摘除病叶、害虫卵块，并带出地外。

采收后清除残株老叶，并集中处理，保持田园清洁。

（二）理化诱控

1. 杀虫灯诱杀。在十字花科蔬菜生产区域生态恢复初期，安装太阳能杀虫灯诱杀小菜蝶、斜纹夜蛾、甜菜夜蛾、地下害虫等，降低田间落卵量。每 30 亩安装一台。生态恢复到一定程度后，不提倡使用该技术，以免对天敌种群和中性昆虫造成影响。

2. 性诱剂诱捕。使用小菜蛾、斜纹夜蛾、甜菜夜蛾性诱剂诱捕成虫。放置诱捕器时，外围密度适当提高，内圈中心位置放置密度可稍降低，每亩 1 套。斜纹夜蛾、甜菜夜蛾诱捕器应放置在离地面 1 米左右，小菜蛾诱捕器放置在离作物稍高位置。大棚使用诱捕器时可挂在上风口。

3. 色板诱杀。用黄板诱杀蚜虫、烟粉虱等。每亩悬挂规格为 25 厘米 × 30 厘米的诱虫板 30 片，规格为 25 厘米×20 厘米的诱虫板 40 片。悬挂高度为植株上部 15～20 厘米处，随作物生长及时调整色板的高度。

4. 防虫网阻隔。夏季利用大棚栽培十字花科蔬菜，可将大棚四周的薄膜去掉，覆盖 40 目防虫网阻隔害虫。

（三）生物防治

1. 保护和利用天敌。蔬菜地周边种植库源植物和蜜源植物，为天敌提供庇护场所和食料，提高天敌的自然控制作用。

2. 释放天敌。释放瓢虫、草蛉、小花蝽防治蚜虫和鳞翅目低龄幼虫；释放赤眼蜂防治菜青虫、小菜蛾、甜菜夜蛾等鳞翅目害虫。

（四）科学用药

1. 生物农药防治。需要使用药剂防治时，优先选用生物农药。可用多杀霉素、阿维菌素、苏云金杆菌、核型多角体病毒制剂、黎芦碱、苦参碱、印楝素、除虫服等防治菜青虫、小菜蛾、蚜虫、斜纹夜蛾、甜菜夜蛾等，在低龄幼虫期用药。

2. 化学农药防治。当使用综合措施后，病虫发生仍超过防治指标时，合理选用高效低毒低残留化学农药进行应急防治。防治小菜蛾、菜青虫可选用乙基多杀菌素、氯虫苯甲酰胺、溴氰虫酰胺等在低龄幼虫期防治;斜纹夜蛾、甜菜夜蛾可选用甲氧虫虫酰肼、茚虫威、氰氟虫腙、溴氰虫酰胺等在低龄幼虫期防治;蚜虫、烟粉虱可选用氟啶虫胺腈、螺虫噻虫啉、呋虫胺等在初发期防治;黄条跳甲、猿叶甲可选用溴氰虫酰胺、氯虫·噻虫嗪、氯氟·啶咪等喷雾防治成虫或浇施防治幼虫,防治幼虫还可选用联苯·噻虫胺颗粒剂撒施后翻耕入土。霜霉病在发病初期可选用精甲霜锰锌、双炔酰菌胺、霜脲·锰锌、烯酰吗啉、唑醚·代森联等防治;软腐病、黑腐病在发病初期可选用噻菌铜、噻唑锌、春雷霉素等防治;病毒病在发病初期可选用吗啉胍·乙铜、宁南霉素、香菇多糖等防治。

四、推荐使用的主要投入品

1. 小菜蛾、斜纹夜蛾、甜菜夜蛾性诱剂和干式诱捕器。

2. 黄板。

3. 捕食性和寄生性天敌。

4. 生物农药。

5. 高效低毒低残留化学农药。

五、注意事项

1. 色板诱杀应在害虫成虫发生高峰前期使用,高峰期后及时对诱虫色板进行回收。

2. 灯光诱杀应成片规模化使用,在害虫成虫发生高峰期集中开灯诱杀。在非害虫成虫发生期,为保护天敌,尽可能不开灯。

3. 药剂防治要严格控制用药次数、用量浓度,严守农药安全间隔期。

附件 5

中华人民共和国农药施用限量表

我国已制定了 79 种农药在 32 种(类)农副产品中 197 项农药最高残留限定(MRL)的国家标准:

农药类型	标准(≤毫克/千克)	农药类型	标准(≤毫克/千克)
敌敌畏	0.2	异菌脲	10(梨果)
辛硫磷	0.05	百菌清	1
草甘膦	0.1	甲霜灵	1(小粒水果)
倍硫磷	0.05	抗蚜威	2.5
敌百虫	0.1	六六六	0.2
对硫磷	不得检出	苯丁锡	5
二嗪磷	0.5	克菌丹	15
甲拌磷	不得检出	多菌灵	0.5
杀螟硫磷	0.5	炔螨特	5(梨果)
乙酰甲胺磷	0.5	噻螨酮	0.5(梨果)
毒死蜱	1(梨果)	三唑酮	0.2
乐果	1	三唑锡	2(梨果)
马拉硫磷	不得检出	甲萘威	2.5
滴滴涕	0.1	双甲脒	0.5(梨果)
亚胺硫磷	0.5	四螨嗪	1
氯氟氧菊酯	0.2(梨果)	代森锰锌	5(小粒水果)
氯菊酯	2	代森锰锌	3(梨果)
氰戊菊酯	0.2	除虫脲	1
氟氰戊菊酯	0.5	溴氰菊酯	0.1(皮可食)
溴螨酯	5(梨果)		

主要参考文献

[1]刘爱民．宁波气候和气候变化[M].北京:气象出版社,2009.

[2]黄鹤楼,胡波．宁波市气象灾害防御规划技术研究[M].宁波:宁波出版社,2013.

[3]陈柏槐,崔讲学．农业灾害应急技术手册[M].武汉:湖北科学技术出版社,2009.

[4]阮均石．气象灾害十讲[M].北京:气象出版社,2000.

[5]郑大玮,唐广．蔬菜生产的主要气象灾害及防御技术[M].北京:中国农业出版社,1989.

[6]王良仟,许岩,顾益康．浙江农事手册[M].北京:中国农业科学技术出版社,2000.

[7]祝启桓,等．浙江省灾害性天气预报[M].北京:气象出版社,1992.

[8]王春乙．重大农业气象灾害研究进展[M].北京:气象出版社,2007.

[9]梁萍,汤绪,柯晓新,等．中国梅雨影响因子的研究综述[J].气象科学,2007(4):464-471.

[10]徐良炎．1996年我国主要气象灾害综述[J].灾害学,1997,12(2):54-58.

[11]黄朝迎．1997年我国主要气象灾害综述[J].灾害学,1998,13(2):85-88.

[12]陈峪.1998年我国主要气象灾害综述[J].灾害学,1999,14(3):59-63.

［13］孙冷．1999 年我国主要气象灾害及异常气候事件［J］.灾害学,2000,15(4):61-65.

［14］陈峪．2001 年我国主要气象灾害综述［J］.灾害学,2002,17(3):66-71.

［15］张强．2002 年度中国气象灾害大盘点［J］.中国减灾,2003(2):25-28.

［16］马占山,张强,肖风劲,等．2003 年我国的气象灾害特点及影响［J］.灾害学,2004,19(Z1):1-7.

［17］郭纪,唐庆欣．2004 年气象灾害简述［J］.赤峰学院学报(自然科学版),2005(5):59-60.

［18］叶殿秀,张强,肖风劲．2005 年中国气候特点［J］.气候变化研究进展, 2006(2):71-73.

［19］王凌,叶殿秀,孙家民．2006 年中国气候概况［J］.气象,2007,33(4):112-117.

［20］邹旭恺,陈峪,刘秋锋,等．2007 年中国气候概况［J］.气象杂志, 2008,34(4):118-123.